建筑工程现场速成系列

建筑工程测量

一本就会

筑·匠 编

U0231411

化学工业出版社

·北京·

本书主要介绍了建筑工程施工现场较为常用的几种测量方法，主要几种测量仪器的操作，放线、布点的施工控制测量方法，高程、角度、距离的测量实际操作，以及测量数据的内业计算等内容。全书内容的编写主要针对刚入行的测量技术人员，以最贴近现场的实用知识和现场图片，将建筑工程现场测量技术讲述明白，达到快速上手、参考施工的目的。在介绍基本测量知识的同时，辅以丰富的现场经验总结和指导，让读者能够更为全面地了解现场测量技术。

　　本书内容简明实用，图文并茂，实用性和实际操作性较强，可作为建筑工程技术人员和管理人员的参考用书，也可作为土建类相关专业大中专院校师生的参考教材。

图书在版编目 (CIP) 数据

建筑工程测量一本就会/筑·匠编 .—北京：化学工业出版社，2016.3
（2023.7 重印）
（建筑工程现场速成系列）
ISBN 978-7-122-26297-4

Ⅰ.①建… Ⅱ.①筑… Ⅲ.①建筑测量-基本知识 Ⅳ.①TU198

中国版本图书馆 CIP 数据核字（2016）第 028957 号

责任编辑：彭明兰　　　　　　　　　　　　装帧设计：张　辉
责任校对：边　涛

出版发行：化学工业出版社（北京市东城区青年湖南街 13 号　邮政编码 100011）
印　　装：北京天宇星印刷厂
787mm×1092mm　1/16　印张 11　字数 271 千字　2023 年 7 月北京第 1 版第 10 次印刷

购书咨询：010-64518888　　　　　　　　　售后服务：010-64518899
网　　址：http://www.cip.com.cn
凡购买本书，如有缺损质量问题，本社销售中心负责调换。

定　　价：39.00 元

FOREWORD / 前言

作为一个实践性、操作性很强的专业技术领域，建筑工程行业在很多方面在要有理论依据的同时，更需要以实践经验为指导。如果对于现场实际操作缺乏一定的了解，即便理论知识再丰富，进入建筑施工现场后，往往也是"丈二和尚摸不着头脑"，无从下手。尤其对于刚参加工作的新手来说，理论知识与实际施工现场的差异，是阻碍他们快速适应工作岗位的第一道障碍。因此，如何快速了解并"学会"工作，是每个进入建筑行业的新人所必须解决的首要问题。为了解决如何快速上手工作这一问题，我们针对建筑工程领域最关键的几个基础能力和岗位，即图纸识图、现场测量、现场施工、工程造价这四个方面，力求通过简洁的文字、直观的图表，分别将这四个核心岗位应掌握的技能讲述得清楚明白，能够指导初学者顺利进入相关工作岗位即可。

本书主要介绍了建筑工程施工现场较为常用的几种测量方法，主要几种测量仪器的操作，放线、布点的施工控制测量方法，高程、角度、距离的测量实际操作，以及测量数据的内业计算等内容。全书内容的编写主要针对刚入行的测量技术人员，以最贴近现场的实用知识和现场图片，将建筑工程现场测量技术讲述明白，达到快速上手、参考施工的目的。在介绍基本测量知识的同时，辅以丰富的现场经验总结和指导，让读者能够更为全面地了解现场测量技术。

参与本书编写的人有：王力宇、叶萍、高磊、杨柳、任雪东、郭芳艳、杨培、杨莹、杨庆乐、肖韶兰、李幽、郑丽秀、刘雅琪、武宏达、任晓欢、孙鑫、李凤霞、闫少宏、张星慧、闫玉玲、周海颖、王彬、赵丹、何斌、刘娜、张芳芳、张静、朱娜、王志文、杨波、张洁、周涛、陈洁、陈曼、陈波、李露。

本书在编写过程中参考了有关文献和一些项目施工管理经验性文件，并且得到了许多专家和相关单位的关心与大力支持，在此表示衷心的感谢。

由于编写时间和水平有限，尽管编者尽心尽力，反复推敲核实，但难免有疏漏及不妥之处，恳请广大读者批评指正，以便做进一步的修改和完善。

编　者
2016 年 1 月

CONTENTS

目录

第十一章　建筑施工变形测量监控　149

参考文献　165

测量在施工中的作用

第一节　建筑工程测量的主要作用

　　工程测量学是一门在研究工程建设和自然资源开发各个阶段中所进行的控制测量、地形测绘、施工放样、变形监测及建立相应信息系统的理论和技术的学科。工程测量是直接为各项工程建设服务的。任何土建工程，无论是工业与民用建筑还是城镇建设、道路、桥梁、给排水管线等，从勘测、规划、设计到施工阶段，甚至在使用管理阶段，都需要进行测量工作。

　　按照工程建设的具体对象来分，工程测量可分为建筑测量、城镇规划测量、道路桥梁测量、给排水工程测量等。

一、建筑工程测量的任务

　　建筑工程测量属于工程测量学的范畴，是工程测量学在建筑工程建设领域中的具体表现。建筑工程测量的主要任务包括测定、测设两方面。

1. 测定

　　测定又称测图，是指使用测量仪器和工具，通过测量和计算，并按照一定的测量程序和方法将地面上局部区域的各种人工构筑物（地物）和地面的形状、大小、高低起伏（地貌）的位置按一定的比例尺和特定的符号缩绘成地形图，以供工程建设的规划、设计、施工和管理使用。

2. 测设

　　测设又称放样，是指使用测量仪器和工具，按照设计要求，采用一定的方法将设计图纸上设计好的建筑物、构筑物的位置测设到实地，作为工程施工的依据。

　　此外，施工中各工程工序的交接和检查、校核、验收工程质量的施工测量；工程竣工后的竣工测量；监视建筑物或构筑物安全阶段的沉降、位移和倾斜所进行的变形观测等，也是工程测量的主要任务。

二、建筑工程测量的作用

　　建筑工程测量的作用主要有以下 6 点。

　　① 建筑测量是建筑施工中一项非常重要的工作，在建筑工程建设中有着广泛的应用，它服务于建筑工程建设的每一个阶段，贯穿于建筑工程的始终。在工程勘测阶段，测绘地形

图为规划设计提供各种比例尺地形图和测绘资料。

② 在工程设计阶段，应用地形图进行总体规划和设计。

③ 在工程施工阶段，要将图纸上设计好的建筑物、构筑物的平面位置和高程按设计要求测设于实地，以此作为施工的依据。

④ 在施工过程中的土方开挖，基础和主体工程的施工测量；在施工中还要经常对施工和安装工作进行检验、校核，以保证所建工程符合设计要求。

⑤ 施工竣工后，还要进行竣工测量，施测竣工图，以供日后改建和维修之用；在工程管理阶段，对建筑和构筑物进行变形观测，以保证工程的安全使用。

⑥ 由此可见，在工程建设的各个阶段都需要进行测量工作，而且测量的精度和速度直接影响到整个工程的质量与进度。因此，工程技术人员必须掌握工程测量的基本理论、基本知识和基本技能，掌握常用的测量工具的使用方法，初步掌握小地区大比例尺地形图的测绘方法，正确掌握地形图应用的方法，以及具有一般土建工程施工测量的能力。

三、测量工作的要求

测量工作在整个建筑工程建设中起着不可缺少的重要作用，测量速度和质量直接影响工程建设的速度和质量。它是一项非常细致的工作，稍有不慎就会影响工程进度甚至造成返工浪费。因此，要求工程测量人员必须做到以下几点。

① 树立为建筑工程建设服务的思想，具有对工作负责的精神，坚持严肃认真的科学态度，做到测、算工作步步有校核，确保测量成果的精度。

② 养成不畏劳苦和细致的工作作风，不论是外业观测，还是内业计算，一定要按现行规范规定作业，坚持精度标准，严守岗位责任制，以确保测量成果的质量。

③ 要爱护测量工具，正确使用仪器，并要定期维护和校验仪器。

④ 要认真做好测量记录工作，要做到内容真实、原始，书写清楚、整洁。

⑤ 要做好测量标志的设置和保护工作。

知识小贴士　　**工程测量人员必备的知识和技能。** 要想尽快掌握测量知识和技能，就必须做到以下几点。

① 知原理：对测量的基本理论、基本原理要切实知晓并清楚。

② 会用仪器：熟悉钢尺、水准仪、经纬仪和平板仪、全站仪的使用。

③ 会测量方法：掌握测量操作技能和方法。

④ 会识图用图：能识读地形图和掌握地形图的应用。

⑤ 会施工测量：重点掌握建筑工程施工测量内容。

第二节　建筑工程测量的原则

一、测量工作的基本原则

1. 从整体到局部、先控制后碎部的原则

在接受一项测量工作之后，首先要进行控制测量。控制测量就是根据整个施工范围的情

况，结合对施工放线等的要求，明确测量的范围；根据需要和已知条件，在测区内测定若干个具有控制意义的点的平面坐标和高程，来作为测绘地形图或施工放样的依据。这些控制点连接起来，可以组成矩形、多边形或三角形的控制网，构成闭合的几何图形，具有独立校核外业工作的条件。在控制测量中视范围和要求，为满足精度要求并符合经济原则，可采用逐级、从高精度到低精度的方法进行控制网的布设，这就是"从整体到局部"的原则。

控制网测量完成后，就以控制点为基础，在施工测量中通过控制点进行建筑轴线的测设等。地形测量、大比例尺地形图测绘、竣工测量也都是以控制点为基础进行碎部测量，这样不管测区范围多大，都可以统一精度，分区域、分图幅进行测量工作，衔接的基础就是控制点。这称为"先控制后碎部"的原则。

2. 从高级到低级的原则

测量规范规定，测量控制网应由高级向低级分级布设。如平面三角控制网是按一等、二等、二等、四等、一级、二级和图根网的级别布设，一等网的精度最高，图根网的精度最低。控制网的等级越高，网点之间的距离就越大，点的密度也越疏，控制的范围就越大；控制网的等级越低，网点之间的距离就越小，点的密度也越密，控制的范围就越小。

控制测量总是先布设能控制大范围的高级网，再逐级布设次级网加密，通常称这种测量控制网的布设原则为"从高级到低级"。

3. 坚持随时检查的原则

点与点之间的距离、边与边之间夹角的水平角、点与点之间的高差，这些数据是在实地通过仪器、工具测量获得的，这部分工作称为外业。将外业结果进行整理、计算与绘图这部分工作称为内业。这两项工作都必须细心、严谨地进行，记录员、计算员本人做好检核后必须交观测员或第三人认真进行复查，一切测量工作或测设数据的计算都必须随时检查，不允许错误存在。没有对前阶段工作的检查，就不能进行下一阶段的工作，这是测量工作中必须坚持的重要原则。检查复核包括对精度的评定，计算误差是否在规范的容许范围内。若超限则必须针对情况进行分析及时返工，即在相应范围内重新测量，直至满足要求为止。

二、测量工作的技术术语

测量工作的技术术语见表 1-1。

表 1-1 测量工作的技术术语

名称	主要内容
测量学	测量学是研究地球的形状和大小以及确定地面点位的科学，是研究对地球整体及其表面和外层空间中的各种自然和人造物体上与地理空间分布有关的信息进行采集处理、管理、更新和利用的科学和技术
测绘	测绘是对地球和其他天体空间数据进行采集、分析、管理、分发和显示的综合过程的活动。其内容包括研究测定、描述地球和其他天体的形状、大小、重力场、表面形态以及它们的各种变化，确定自然地理要素和人工设施的空间位置及属性，制成各种地图和建立有关信息系统
测定	测定是指使用测量仪器和工具，通过测量和计算得到一系列的数据，再把地球表面的地物和地貌缩绘成地形图，供规划设计、经济建设、国防建设和科学研究使用
测设	测设是指将图上规划设计好的建筑物、构筑物位置在地面上标定出来，作为施工的依据
水准面	处处与重力方向垂直的连续曲面称为水准面。任何自由静止的水面都是水准面
大地水准面	静止的平均海水面向陆地延伸，形成一个闭合的曲面包围整个地球，这个闭合曲面称为大地水准面。大地水准面是测量工作的基准面

名称	主要内容
高程	由平均海水面起算的地面点高度又称海拔或绝对高程。一般也将地图上标记的地面点高程称标高
方位角	从某点的指北方向线起,顺时针方向至另一目标方向线的水平夹角
测段	两相邻水准点间的水准测线
图根点	直接用于测绘地形图碎部的控制点
测站	在实地测量时设置仪器的地点
测量标志	在地面上标定测量控制点(三角点、导线点和水准点等)位置的标石、觇标和其他标记的总称
标石	一般用混凝土或岩石制成,埋于地下(或露出地面),以标定控制点的位置
控制测量	测定控制点平面位置(x,y)和高程(H)的工作,称为控制测量
坐标正算	根据已知点的坐标、已知边长及该边的坐标方位角,计算未知点的坐标,称为坐标的正算
坐标反算	根据两个已知点的坐标求算两点间的边长及其方位角,称为坐标反算
碎部测量	利用测量仪器在某一测站点上测绘各种地物、地貌的平面位置和高程的工作
观测条件	测量仪器、观测者和外界环境是引起测量误差的主要原因,因此,把这三方面的因素综合起来称为观测条件
系统误差	在相同的观测条件下,对某量进行一系列观测,如果误差出现的符号和大小均相同或按一定的规律变化,这种误差称为系统误差
偶然误差	在相同的观测条件下对某量进行一系列观测,误差出现的符号和大小都表现出偶然性,即从单个误差来看,在观测前不能预知其出现的符号和大小,但就大量误差总体来看,则具有一定的统计规律,这种误差称为偶然误差
粗差	粗差的产生主要是由于工作中的粗心大意或观测方法不当造成的,错误是可以也是必须避免的。含有粗差的观测成果是不合格的,必须采取适当的方法和措施剔除粗差或重新进行观测
真误差	观测值与真值的差值称为真误差,用 Δ 表示。真误差是排除了系统误差,又不存在粗差的偶然误差
多余观测	为了提高观测成果的质量,同时也为了检查和及时发现观测值中的错误,在实际工作中观测值的个数多于待求量的个数
相对误差	绝对误差的绝对值与相应测量结果的比值
中误差	在相同观测条件下的一组真误差平方中数的平方根
允许误差	实际工作中,测量规范要求在观测值中不容许存在较大的误差,故常以两倍或三倍中误差作为偶然误差的容许值,称为允许误差
地物	地物是指地面上有明显轮廓的、自然形成的物体或人工建造的建筑物、构筑物,如房屋、道路、水系等

第三节　建筑工程测量人员的工作内容与职责

一、测量人员的岗位职责

测量人员的岗位职责如下。

① 工作作风:紧密配合施工,坚持实事求是、认真负责的工作作风。

② 学习图纸:测量前需了解设计意图,学习和校核图纸;了解施工部署,制定测量放线方案。

③ 实地检测：会同建设单位一起对红线桩测量控制点进行实地校测。

④ 仪器校核测量：仪器的核定、校正。

⑤ 密切配合：与设计、施工等方面密切配合，并事先做好充分的准备工作，制定切实可行的与施工同步的测量放线方案。

⑥ 放线验线：须在整个施工的各个阶段和各主要部位做好放线、验线工作，并要在审查测量放线方案和指导检查测量放线工作等方面加强工作，避免返工。

⑦ 观测记录：负责垂直观测、沉降观测，并记录整理观测结果（数据和曲线图表）。

⑧ 基线复合负责及时整理完善基线复核、测量记录等测量资料。

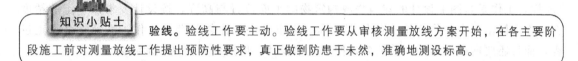

知识小贴士　　验线。验线工作要主动。验线工作要从审核测量放线方案开始，在各主要阶段施工前对测量放线工作提出预防性要求，真正做到防患于未然，准确地测设标高。

二、施工测量管理人员的工作职责

施工测量管理人员的工作职责见表1-2。

表 1-2　施工测量管理人员的工作职责

职位	主 要 内 容
项目工程师	对工程的测量放线工作负技术责任，审核测量方案，组织工程各部门的验线工作
技术员	领导测量放线工作，组织放线人员学习并校核图纸，编制工程测量放线方案
施工员	对工程的测量放线工作负主要责任，并参加各分项工程的交接检查，负责填写工程预检单并参与签证

第四节　建筑工程测量的主要工作内容

一、施工测量的内容

施工测量主要内容可概括为以下5点。

1. 施工控制

测量根据勘测设计部门提供的测量控制点，先在整个建筑场区建立统一的施工控制网（建筑基线、建筑方格网），作为后续建筑物定位放样的依据。

2. 施工放样

将设计建筑物的平面位置和高程标定在实地的测量工作。施工放样为后续的工程施工和设备安装提供诸如方向、标高、平面位置等各种施工标志，确保按图施工。

3. 检查验收测量

在各项、各分项、各分部工程施工之后，进行竣工验收测量，检查施工是否符合设计要求，以便随时纠正和修改。

4. 变形测量

对一些大型的重要建筑物进行沉降、倾斜等变形测量（沉降观测、位移观测、倾斜观测、裂缝观测、挠度观测），以确保它们在施工和使用期间的安全。

5. 竣工测量

工程竣工后为获得各种建筑物、构筑物及地下管网的平面位置、高程等资料而进行的测量，为建筑物的扩建、管理提供图样和数据资料。

不论测量工作的内容如何变化，测量工作的要素始终是确定点的位置，而确定点位总是离不开角度、距离和高程，这是测量工作的基本要素，也是测量放样工作的三项基本工作。

二、施工测量工作的特点

施工测量工作的特点如下。

① 放样工作与测图工作过程相反。测图工作是将地面上的地形测绘到图上，而测设（放样）工作是将图上设计的建筑物或构筑物的平面位置与高程，按设计要求以一定的精度在地面上标示出来，作为施工的依据。同时它也是一项比较繁杂的工作，贯穿整个施工过程，而且还要向两端延伸，前期要延伸到规划设计，后期要延伸到变形测量。

② 施工测量的精度要求高。

③ 施工测量干扰因素多、时间紧迫。

④ 施工测量是一项内、外业结合较紧密的工作，许多测量结果需要现场进行计算，当场就要得出准确的平差数据。同时也是一项关联性很强的工作，各种数据相互关联，一错均错，因此需要仔细、耐心。

三、施工测量前的准备工作

施工测量准备工作应包括：资料收集、施工图审核、测量定位依据点的交接与检测、施工测量方案的学习、测量数据的准备、测量仪器和工具的检验校正等内容。

1. 资料收集

施工测量前，应根据工程任务的要求，收集和分析有关施工资料，主要包括以下内容：

① 城市规划、测绘成果；

② 工程勘察报告；

③ 施工设计图与有关变更文件；

④ 施工组织设计或施工方案；

⑤ 施工场区地下管线、建（构）筑物等测绘成果。

2. 施工图审核

施工图审核可根据不同施工阶段的需要，审核总平面图、建筑施工图、结构施工图、设备施工图等。

施工图审核内容应包括坐标与高程系统，建筑物轴线关系、几何尺寸、各部位高程等，并应及时了解和掌握有关工程设计变更文件，以确保测量放样数据准确可靠。

3. 测量定位依据点的交接与检测

平面控制点或建筑红线桩点是建筑物定位的依据，应认真做好成果资料与现场点位或桩位的交接工作，并妥善做好点位或桩位的保护工作。

平面控制点或建筑红线桩点使用前，应进行内业验算与外业检测，定位依据桩点数量不应少于3个。检测红线桩的允许误差应符合相关规范规定。

城市规划部门提供的水准点是确定建筑物高程的基本依据，水准点数量不应少于2个，使用前应按附合水准路线进行检测，允许闭合差符合要求后方可使用。

4. 施工测量方案的学习

施工测量方案是指导施工测量的技术依据，测量工作人员在工作前必须认真学习，重点注意方案中的以下几点：

① 任务要求；

② 施工测量技术依据、测量方法和技术要求；

③ 起始依据点的检测；

④ 建筑物定位放线、验线与基础以及±0.000 以上施工测量要求；

⑤ 安全、质量保证体系与具体措施。

5. 测量数据的准备

施工测量数据的准备应包括以下内容：

① 依据施工图计算施工放样数据；

② 依据放样数据绘制施工放样简图；

③ 对施工测量放样数据和简图进行独立校核。

6. 测量仪器和工具的检验校正

为保证测量成果准确可靠，测量仪器、量具应按国家计量部门或工程建设主管部门的有关规定进行检定，经检定合格后方可使用。

经验指导

测量仪器和工具的检验校正。

测量仪器和工具除按规定周期检定外，对经常使用的经纬仪、水准仪的主要轴系关系应在每项工程施工测量前进行检验校正，施工中还应每隔 1～3 个月进行定期检验校正。

第二章

快速识读施工图

第一节 建筑构造初识

建筑是建筑物和构筑物的总称。建筑物指供人们在其内进行生产、生活或其他活动的房屋（或场所）；构筑物指只为满足某一特定的功能建造的，人们一般不直接在其内进行活动的场所。

知识小贴士

建筑的分类。 按建筑的使用功能可以分为民用建筑和公共建筑；按主要承重结构的材料分类可以分为：木结构建筑、混合结构建筑、钢筋混凝土结构建筑、钢结构建筑；按结构的承重方式可以分为：砌体结构建筑、框架结构建筑、剪力墙结构建筑、空间结构建筑。

测量工作者如果对建筑熟悉，则测量放线就能得心应手起到事半功倍的效果，因此，很有必要了解建筑的基本知识。表 2-1 所示为建筑名称及含义。

表 2-1 建筑名称及含义

名　称	含　义
建筑工程	修建各种房屋的工程称为建筑工程
结构	在建筑工程中，按一定规律组成的建筑材料制成的物体或体系，用以承受荷载和满足一定使用要求，这种物体或体系，统称为结构
构件	组成建筑结构的元件称构件，如屋架、梁、柱、楼板等
配件	具有某种特定功能的组装件叫配件，如门窗、楼梯、阳台等
构造	建筑构件与构件之间，构件与配件之间，以及构件配件本身的组合联结做法称为构造
横向	指建筑的宽度方向
纵向	指建筑的长度方向

续表

名　称	含　义
横向轴线	沿建筑宽度方向设置的轴线
纵向轴线	沿建筑长度方向设置的轴线
开间	两条横向定位轴线之间距
进深	两条纵向定位轴线之间距
层高	指层间高度,即地面—地面或楼面—楼面的高度
净高	指房间的净空高度,即地面至吊顶下皮的高度。它等于层高减去楼地面厚度、楼板厚度和吊顶棚高度
总高度	指室外地坪至檐口顶部的总高度
建筑面积	指建筑外包尺寸的乘积再乘以层数。它由使用面积、交通面积和结构面积组成,单位为"m^2"
使用面积	指主要使用房间和辅助使用房间的净面积
交通面积	指走道、楼梯间等交通联系设施的净面积
结构面积	指墙体、柱子所占的面积
标志尺寸	符合建筑模数数列的规定,用以标注建筑定位轴线之间的距离,以及建筑构配件、建筑制品、建筑组合件、有关设备位置界限之间的尺寸
构造尺寸	是建筑构配件、建筑制品等的设计尺寸
实际尺寸	建筑制品、构配件等的实有尺寸

第二节　施工图的作用

一、建筑施工图

建筑施工图的作用就是指导建筑物的总体施工,是通盘考虑的图纸,信息量较大;结构施工图是指导基础和主体施工的图纸,主要涉及的是钢筋混凝土构件或钢结构构件等骨架部分的施工,信息量较简单。

二、结构施工图

结构施工图是根据房屋建筑中的承重构件进行结构设计后绘制成的图样。结构设计时根据建筑要求选择结构类型,并进行合理布置,再通过力学计算确定构件的断面形状、大小、材料及构造等,并将设计结果绘成图样,以指导施工,这种图样有时简称为"结施"。结构施工图与建筑施工图一样,是施工的依据,主要用于放灰线、挖基槽、基础施工、支承模板、配钢筋、浇灌混凝土等施工过程,也用于计算工程量、编制预算和施工进度计划的依据。

三、施工图中投影的形成及分类

假定光线可以穿透物体（物体的面是透明的,而物体的轮廓线是不透明的）,并规定在影子当中,光线直接照射到的轮廓线画成实线,光线间接照射到的轮廓线画成虚线,则经过抽象后的"影子"称为投影（图2-1）。

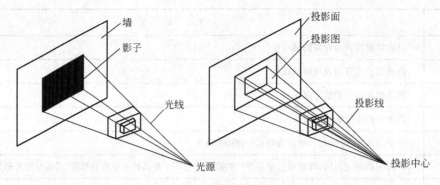

图 2-1　投影示意图

四、建筑工程中常用的几种投影图

建筑工程中常用的投影图有正投影图、轴测图、透视图、标高投影图。

1. 正投影图

利用正投影的方法，把形体投射到两个或两个以上相互垂直的投影面上，再按一定规律把这些投影面展开成一个平面，便得到正投影图（图 2-2）。正投影图能反映形体的真实形状和大小，度量性好，作图简便，是工程制图中常用的一种投影图。

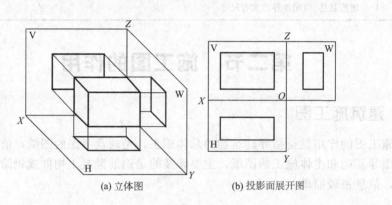

(a) 立体图　　　　　(b) 投影面展开图

图 2-2　正投影示意图

> **知识小贴士**
>
> **正投影的方法。** 按照我国的制图标准，房屋建筑的视图应按正投影法并用第一角画法绘制。物体在正立投影面（V）、水平投影面（H）和侧立投影面（W）上的视图分别称为：
> ① 正立面图，由前向后作投影所得到的视图，简称正面图；
> ② 平面图，由上向下作投影所得到的视图；
> ③ 左立面图，由左向右作投影所得到的视图，简称侧面图。

2. 轴测图

用平行投影法将物体和其空间坐标系沿不平行于任一坐标面的方向投射到单一投影面上

所得的图形叫做轴测图（图 2-3）。轴测图是一种单面投影图，在一个投影面上能同时反映出物体三个坐标面的形状，并接近于人们的视觉习惯，形象、逼真、富有立体感。但是轴测图一般不能反映出物体各表面的实形，因而度量性差，同时作图较复杂。因此，在工程上常把轴测图作为辅助图样，来说明机器的结构、安装、使用等情况，在设计中，可用轴测图帮助构思、想象物体的形状。

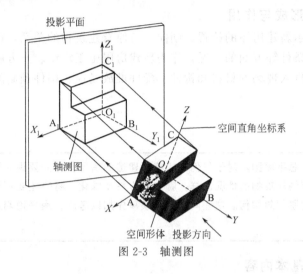

图 2-3 轴测图

3. 透视图

透视图是根据透视原理绘制的具有近大远小特征的图像，以表达建筑设计的意图（图 2-4）。透视图图形逼真，具有良好的立体感，符合人的视觉习惯，常作为设计方案的比较和外观表现。

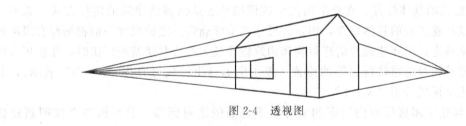

图 2-4 透视图

4. 标高投影图

标高投影图（图 2-5）是一种单面正投影图，多用来表达地形及复杂曲面，它是假想用一组高差相等的水平面切割地面，将所得到的一系列交线（称等高线）投射在水平投影面上，并用数字标出这些等高线的高程而得到的投影图。

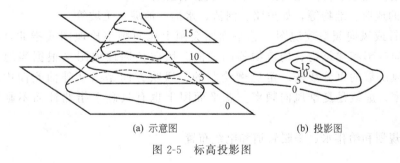

(a) 示意图　　　　　　　(b) 投影图

图 2-5 标高投影图

第三节　建筑施工图的基本识读

一、建筑总平面图快速识读

1. 总平面图的形成与作用

总平面图主要表示新建房屋的位置、朝向、与原有建筑物的关系，以及周围道路、绿化和给水、排水、供电条件等方面的情况，作为新建房屋施工定位、土方施工、设备管网平面布置，安排在施工时进入现场的材料和构件、配件堆放场地、构件预制的场地以及运输道路的依据。

> **知识小贴士**
>
> **总平面图。** 对于任何一幢将要建造的房屋，首先要说明该房屋建造在什么地方，周围的环境和原有的建筑物的情况怎样，哪些地方将要绿化，将来还要不要在附近建造其他房屋，该地区的风向和房屋朝向如何。这些问题都必须事先加以考虑，用来说明这些问题的图，叫做总平面图。

2. 总平面图的基本内容

总平面图的基本内容包含以下几点。

① 图名、比例。总平面图应包括的地方范围较大，所以绘制时一般都用较小的比例，如 1∶2000、1∶1000、1∶500 等。

② 新建建筑所处的地形。若建筑物建在起伏不平的地面上，应画上等高线并标注标高。

③ 新建建筑的具体位置，在总平面图中应详细地表达出新建建筑的定位方式。总平面图确定新建或扩建工程的具体位置，用定位尺寸或坐标确定。定位尺寸一般根据原有房屋或道路中心线来确定；当新建成片的建筑物和构筑物或较大的公共建筑或厂房时，往往用坐标来确定每一建筑物及道路转折点等的位置。施工坐标（坐标代号宜用"A、B"表示），若标测量坐标则坐标代号用"X、Y"表示。

④ 注明新建房屋底层室内地面和室外整平地面的绝对标高。总平面图会注明新建房屋室内（底层）地面和室外整坪地面的标高。总平面图中标高的数值以米为单位，一般注到小数点后两位。图中所注数值，均为绝对标高。总平面图表明建筑物的层数，在单体建筑平面图角上，画有几个小黑点表示建筑物的层数。对于高层建筑可以用数字表示层数。

⑤ 相邻有关建筑、拆除建筑的大小、位置或范围。

⑥ 附近的地形、地物等，如道路、河流、水沟、池塘、土坡等。

⑦ 指北针或风向频率玫瑰图。总平面图会画上风向频率玫瑰图或指北针，表示该地区的常年风向频率和建筑物、构筑物等的朝向。风向频率玫瑰图是根据当地多年统计的各个方向吹风次数的百分数按一定比例绘制的。风吹方向是指从外面吹向中心。实线是全年风向频率，虚线是夏季风向频率。总平面图上也有只画上指北针而不画风向频率玫瑰图的。

⑧ 绿化规划和给排水、采暖管道和电线布置。

经验指导

总平面图上标注的尺寸一律以"m"为单位，并且标注到小数点后两位。

3. 总平面图常用图例

在总平面图中，所表达的许多内容都用图例表示。在识读总平面图之前，应先熟悉这些图例。常见的总平面图图例见表2-2。

表 2-2　常见总平面图图例

名称	图例	名称	图例
新建建筑物 （可用▲表示出入口，可在图形内右上角用点数或数字表示层数）	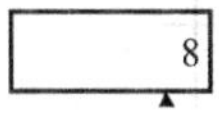 8 ▲	城市型道路断面 （上图为双坡，下图为单坡）	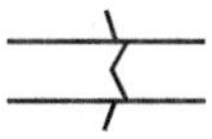 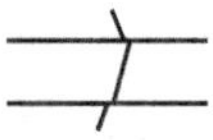
计划扩建的预留地或建筑物		原有建筑物	
拆除的建筑物		室内标高	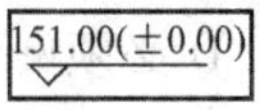 151.00(±0.00) ▽
建筑物下面的通道	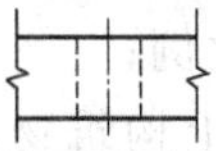	室外标高	•143.00▼143.00
原有道路		挡土墙	
计划扩建的道路		挡土墙上设围墙	
拆除的道路	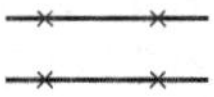	台阶	
新建的道路	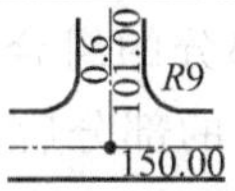 R9 150.00	围墙及大门	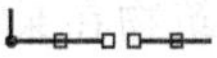

4. 总平面图的识读步骤

总平面图的识图步骤如下。

① 看图名、比例及有关文字说明。

② 了解新建工程的总体情况。了解新建工程的性质与总体布置；了解建筑物所在区域的大小和边界；了解各建筑物和构筑物的位置及层数；了解道路、场地和绿化等布置情况。

③ 明确工程具体位置。房屋的定位方法有两种：一种是参照物法，即根据已有房屋或道路定位；另一种是坐标定位法，即在地形图上绘制测量坐标网。标注房屋墙角坐标的方法如图2-6所示。

④ 确定新建房屋的标高。看新建房屋首层室内地面和室外整平地面的绝对标高，可知室内外地面的高差以及正负零与绝对标高的关系。

⑤ 明确新建房屋的朝向。看总平面图中的指北针和风向频率玫瑰（图2-7）可明确新建房屋的朝向和该地区的常年风向频率。有些图纸上只画出单独的指北针。

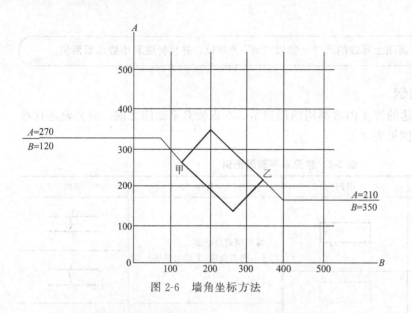

图 2-6   墙角坐标方法

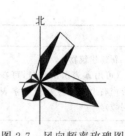

图 2-7   风向频率玫瑰图

5. 总平面图识读要点

总平面图识读要点如下：

① 必须阅读文字说明，熟悉图例和了解图的比例；

② 要了解总体布置、地形、地貌、道路、地上构筑物、地下各种管网布置走向和水、暖、电等在房屋的引入方向；

③ 要确定房屋位置和标高的依据；

④ 有时候总平面图会合并在建筑专业图内编号。

二、建筑平面图快速识读

1. 建筑平面图的概念

建筑平面图是表示建筑物在水平方向房屋各部分的组合关系。假想用一个水平剖切面，将建筑物在某层门窗洞口处剖开，移去剖切面以上的部分后，对剖切面以下部分所作的水平剖面图，即为建筑平面图，简称为平面图。

如图 2-8 所示是建筑平面图的形成。建筑平面图实质上是房屋各层的水平剖面图。平面图虽然是房屋的水平剖面图，但按习惯不必标注其剖切位置，也不称为剖面图。

知识小贴士

　　　　　　　　　　建筑平面图。建筑平面图常用的比例是 1∶50、1∶100 或 1∶200，其中 1∶100 使用最多。建筑平面图的方向宜与总平面图的方向一致，平面图的长边宜与横式幅面图纸的长边一致。

　　平面图反映建筑物的平面形状和大小、内部布置，墙的位置、厚度和材料，门窗的位置和类型以及交通等情况，可作为建筑施工定位、放线、砌墙、安装门窗、室内装修、编制预算的依据。

　　一般房屋有几层，就应有几个平面图。一般房屋有首层平面图、标准层平面图、顶层平面图即可，在平面图下方应注明相应的图名及采用的比例。因平面图是剖面图，因此应按剖

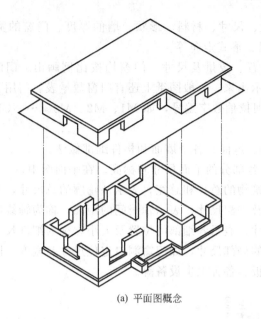

(a) 平面图概念

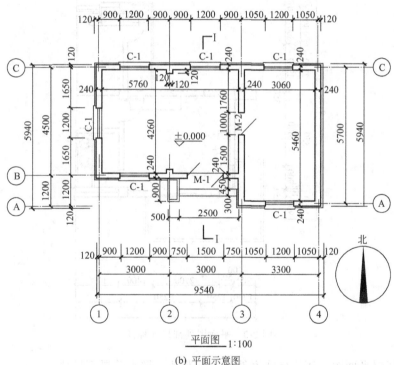

平面图 1:100

(b) 平面示意图

图 2-8 建筑平面图的形成

面图的图示方法绘制，即被剖切平面剖切到的墙、柱等轮廓用粗实线表示，未被剖切到的部分如室外台阶、散水、楼梯以及尺寸线等用细实线表示，门的开启线用中粗实线表示。

2. 平面图的基本内容

平面图包含如下基本内容。

① 建筑物平面的形状及总长、总宽等尺寸，房间的位置、形状、大小、用途及相互关系。从平面图的形状与总长总宽尺寸可计算出房屋的用地面积。

②承重墙和柱的位置、尺寸、材料、形状、墙的厚度、门窗的宽度等，以及走廊、楼梯（电梯）、出入口的位置、形式走向等。

③门、窗的编号、位置、数量及尺寸。门窗均按比例画出。门的开启线为45°和90°，开启弧线应在平面图中表示出来。一般图纸上还有门窗数量表。门用M表示，窗用C表示，高窗用GC表示，并采用阿拉伯数字编号，如M1、M2、M3、…、C1、C2、C3、…同一编号代表同一类型的门或窗。

④室内空间以及顶棚、地面、各个墙面和构件细部做法。

⑤标注出建筑物及其各部分的平面尺寸和标高。在平面图中，一般标注三道外部尺寸。最外面的一道尺寸标出建筑物的总长和总宽，表示外轮廓的总尺寸，又称外包尺寸；中间的一道尺寸标出房间的开间及进深尺寸，表示轴线间的距离，称为轴线尺寸；里面的一道尺寸标出门窗洞口、墙厚等尺寸，表示各细部的位置及大小，称为细部尺寸，如图2-9所示。另外，还应标注出某些部位的局部尺寸，如门窗洞口定位尺寸及宽度，以及一些构配件的定位尺寸及形状，如楼梯、搁板、各种卫生设备等。

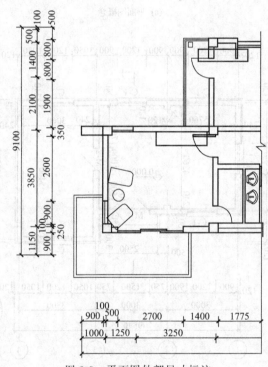

图2-9　平面图外部尺寸标注

⑥对于底层平面图，还应标注室外台阶、花池、散水等局部尺寸。

⑦室外台阶、花池、散水和雨水管的大小与位置。

⑧在底层平时图上画有指北针符号，以确定建筑物的朝向，另外还要画上剖面图的剖切位置，以便与剖面图对照查阅，在需要引出详图的细部处，应画出索引符号。对于用文字说明能表达更清楚的情况，可以在图纸上用文字来进行说明。

⑨屋顶平面图上一般应表示出屋顶形状及构配件，包括女儿墙、檐沟、屋面坡度、分水线与雨水口、变形缝、楼梯间、水箱间、天窗、上人孔、消防梯及其他构筑物、索引符号等。

3. 建筑平面图识图步骤

（1）一层平面图的识读　一层平面图的识图步骤如下：

① 了解平面图的图名、比例及文字说明；

② 了解建筑的朝向、纵横定位轴线及编号；

③ 了解建筑的结构形式；

④ 了解建筑的平面布置、作用及交通联系；

⑤ 了解建筑平面图上的尺寸、平面形状和总尺寸；

⑥ 了解建筑中各组成部分的标高情况；

⑦ 了解房屋的开间、进深、细部尺寸；

⑧ 了解门窗的位置、编号、数量及型号；

⑨ 了解建筑剖面图的剖切位置、索引标志；

⑩ 了解各专业设备的布置情况。

（2）其他楼层平面图的识读　其他楼层平面图包括标准层平面图和顶层平面图，其形成与首层平面图的形成相同。在标准层平面图上，为了简化作图，已在首层平面图上表示过的内容不再表示。识读标准层平面图时，重点应与首层平面图对照异同。

（3）屋顶平面图的识读　屋顶平面图主要反映屋面上天窗、水箱、铁爬梯、通风道、女儿墙、变形缝等的位置以及采用标准图集的代号，屋面排水分区、排水方向、坡度，雨水口的位置、尺寸等内容。在屋顶平面图上，各种构件只用图例画出，用索引符号表示出详图的位置，用尺寸具体表示构件在屋顶上的位置。

（4）建筑平面图识读要点　建筑平面图的识读要点如下。

① 多层房屋的各层平面图，原则上从最下层平面图开始（有地下室时，从地下室平面图开始；无地下室时，从首层平面图开始），逐层读到顶层平面图，且不能忽视全部文字说明。

② 每层平面图，先从轴线间距尺寸开始，记住开间、进深尺寸，再看墙厚和柱的尺寸以及它们与轴线的关系、门窗尺寸和位置等。宜按先大后小、先粗后细、先主体后装修的步骤阅读，最后可按不同的房间，逐个掌握图纸上表达的内容。

③ 认真校核各处的尺寸和标高有无错误或遗漏的地方。

④ 细心核对门窗型号和数量，掌握内装修的各处做法，统计各层所需过梁型号、数量。

⑤ 将各层的做法综合起来考虑，了解上、下各层之间有无矛盾，以便从各层平面图中逐步树立起建筑物的整体概念，并为进一步阅读建筑专业的立面图、剖面图和详图，以及结构专业图打下基础。

三、建筑立面图快速识读

1. 建筑立面图的形成与作用

建筑立面图相当于正投影图中的正立和侧立投影图，是建筑物各方向外表立面的正投影图。一般来说，建筑立面图的命名方法主要有以下三种。

（1）按立面的主次命名　把建筑物的主要出入口或反映建筑物外貌主要特征的立面图称为正立面图，而把其他立面图分别称为背立面图、左侧立面图和右侧立面图等。

（2）按建筑物的朝向命名　根据建筑物立面的朝向可分别称为南立面图、北立面图、东立面图和西立面图，如图 2-10 所示。

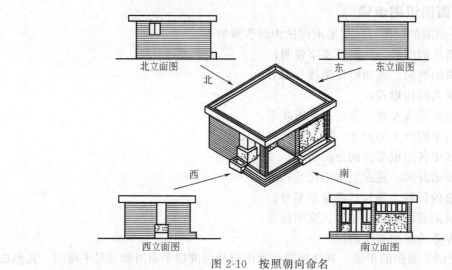

图 2-10 按照朝向命名

知识小贴士

　　建筑立面图。立面图是表示建筑物的体形和外貌，并表明外墙装修要求的图样。建筑立面是由许多部件组成的，这些部件包括门窗、墙柱、阳台、遮阳板、雨篷、勒脚、花饰等。

　　识图时，首先应根据图名及轴线编号对照平面图，明确各立面图所表示的内容是否正确；在明确各立面图标明的做法基础上，进一步校核各立面图之间有无不交圈的地方，从而通过阅读立面图建立起房屋外形和外装修的全貌。

　　（3）按轴线编号命名　根据建筑物立面两端的轴线编号命名，如①～⑩立面图、Ⓐ～Ⓕ立面图等，如图 2-11 所示。

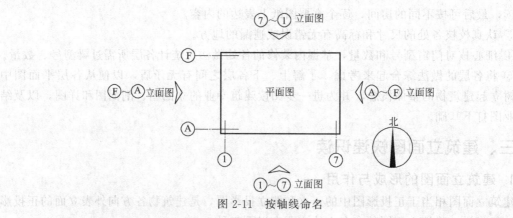

图 2-11 按轴线命名

2. 建筑立面图的基本内容

（1）建筑立面图图面包含的内容　建筑立面图图面包含如下内容。

① 注明图名和比例。

② 表明一栋建筑物的立面形状及外貌。

③ 反映立面上门窗的布置、外形以及开启方向。由于立面图的比例小，因此，立面图

上的门窗应按图例立面式样表示，并画出开启方向，如图 2-12 所示。开启线以人站在门窗外侧看，细实线表示外开，细虚线表示内开，线条相交一侧为合页安装边。相同类型的门窗只画出一、两个完整的图形，其余的只画出单线图形。

④ 表明外墙面装饰的做法及分格。

⑤ 表示室外台阶、花池、勒脚、窗台、雨罩、阳台、檐沟、屋顶和雨水管等的位置、立面形状及材料做法。

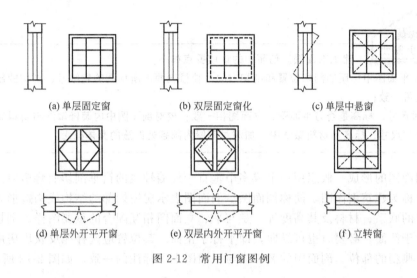

(a) 单层固定窗　　　　　(b) 双层固定窗化　　　　　(c) 单层中悬窗

(d) 单层外开平开窗　　　(e) 双层内外开平开窗　　　(f) 立转窗

图 2-12　常用门窗图例

（2）立面图的尺寸标注　沿立面图高度方向标注三道尺寸：细部尺寸、层高及总高度。

① 细部尺寸。最里面一道是细部尺寸，表示室内外地面高差、防潮层位置、窗下墙高度、门窗洞口高度、洞口顶面到上一屋楼面的高度、女儿墙或挑檐板高度。

② 层高。中间一道表示层高尺寸，即上下相邻两层楼地面之间的距离。

③ 总高度。最外面一道表示建筑物总高，即从建筑物室外地坪至女儿墙压顶（或至檐口）的距离。

④ 立面图的标高及文字说明。

a. 标高。标注房屋主要部分的相对标高。建筑立面图中标注标高的部位一般情况下有：室内外地面；出入口平台面；门窗洞的上下口表面；女儿墙压顶面；水箱顶面；雨篷底面；阳台底面或阳台栏杆顶面等。除了标注标高之外，有时还注出一些并无详图的局部尺寸，立面图中的长宽尺寸应该与平面图中的长宽尺寸对应。

b. 索引符号及必要的文字说明。在立面图中凡是有详图的部位，都应该对应有详图索引符号，而立面面层装饰的主要做法，也可以在立面图中注写简要的文字说明。

c. 建筑立面图的识读步骤如下：

第一步，了解图名、比例；

第二步，了解建筑的外貌；

第三步，了解建筑的竖向标高；

第四步，了解立面图与平面图的对应关系；

第五步，了解建筑物的外装修；

第六步，了解立面图上详图索引符号的位置与其作用。

四、建筑剖面图快速识读

1. 建筑剖面图的形成与作用

从前面所看到的平面图和立面图中，可以了解到建筑物各层的平面布置以及立面的形状，但是无法得知层与层之间的联系。建筑剖面图就是用来表示建筑物内部垂直方向的结构形式、分层情况、内部构造以及各部位高度的图样。

> **知识小贴士**
>
> **建筑剖面图。** 剖面图的识读要点如下：
>
> ① 按照平面图中标明的剖切位置和剖切方向，校核剖面图所标明的轴线号、剖切的部位和内容与平面图是否一致；
>
> ② 校对尺寸、标高是否与平面图、立面图相一致；校对剖面图中内装修做法与材料做法表是否一致；在校对尺寸、标高和材料做法中，加深对房屋内部各处做法的整体概念。

（1）剖面图的形成　假想用一个或多个垂直于外墙轴线的铅垂剖切面将房屋剖开，所得的投影图，称为建筑剖面图，简称剖面图。剖面图表示房屋内部的结构或构造形式、分层情况和各部位的联系、材料及其高度等，是与平、立面图相互配合的重要图样。剖切面一般横向，即平行于侧面，必要时也可纵向，即平行于正面。其位置应选择能反映出房屋内部构造比较复杂与典型的部位。剖面图的名称应与平面图上所标注的一致，如图 2-13 所示。

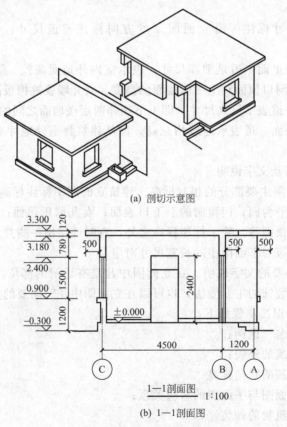

(a) 剖切示意图

(b) 1—1剖面图

图 2-13　剖面图的形成

（2）剖面图的作用 建筑剖视图用来表达建筑物内部垂直方向尺寸、楼层分层情况与层高、门窗洞口与窗台高度及简要的结构形式和构造方式等情况。它与建筑平面图、立面图相配合，是建筑施工图中不可缺少的重要图样之一。因此，剖面图的剖切位置，应选择能反映房屋全貌、构造特征以及有代表性的部位，并在底层平面图中标明。

剖视图的剖切位置应选择在楼梯间、门窗洞口及构造比较复杂的典型部位或有代表性的部位，其数量应根据房屋的复杂程度和施工实际需要而定，在一般规模不大的工程中，房屋的剖面图通常只有一个。当工程规模较大或平面形状较复杂时，则要根据实际需要确定剖面图的数量，也可能是两个或几个。两层以上的楼房一般至少要有一个楼梯间的剖视图。剖视图的剖切位置和剖视方向，可以从底层平面图找到，剖切面一般横向，即平行于侧面，必要时也可纵向，即平行于正面。剖面图的名称必须与底层平面图上所标的剖切位置和剖视方向一致。

2. 剖面图的基本内容

（1）剖面图的基本内容

① 注明图名和比例。

② 表明建筑物从地面至屋面的内部构造及其空间组合情况。

③ 尺寸标注。剖面图的尺寸标注一般有外部尺寸和内部尺寸之分。外部尺寸沿剖面图高度方向标注三道尺寸，所表示的内容同立面图。内部尺寸应标注内门窗高度、内部设备等的高度。

④ 标高。在建筑剖面图中应标注室外地坪、室内地面、各层楼面、楼梯平台等处的建筑标高，屋顶的结构标高。

⑤ 表示各层楼地面、屋面、内墙面、顶棚、踢脚、散水、台阶等的构造做法。表示方法可以采用多层构造引出线标注。若为标准构造做法，则标注做法的编号。剖面图的标高标注分建筑标高与结构标高两种形式。建筑标高是指各部位竣工后的上（或下）表面的标高；结构标高是指各结构构件不包括粉刷层时的下（或上）皮的标高，表示方法如图 2-14 所示。

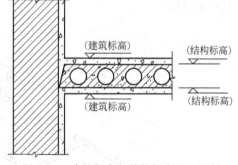

图 2-14 建筑标高与结构标高注法示例

⑥ 表示檐口的形式和排水坡度。檐口的形式有两种：一种是女儿墙；另一种是挑檐，如图 2-15 所示。

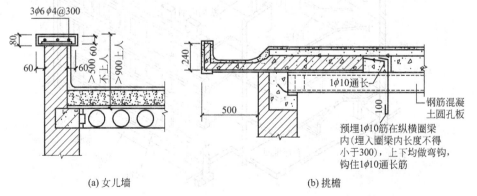

(a) 女儿墙   (b) 挑檐

图 2-15 檐口形式

⑦ 在建筑剖面图上另画详图的部位标注索引符号，表明详图的编号及所在位置。

（2）剖面图的识读步骤

① 了解图名、比例。

② 了解剖面图与平面图的对应关系。

③ 了解被剖切到的墙体、楼板、楼梯和屋顶。

④ 了解屋面、楼面、地面的构造层次及做法。

⑤ 了解屋面的排水方式。

⑥ 了解可见的部分。

⑦ 了解剖面图上的尺寸标注。

⑧ 了解详图索引符号的位置和编号。

第四节 结构施工图的基本识读

一、结构施工图基本知识

1. 结构施工图的内容与作用

（1）房屋结构与结构构件 建筑物的结构按所使用的材料可以分为木结构、砌体结构、混凝土结构、钢结构和混合结构等。混合结构是指不同部位的结构构件由两种或两种以上结构材料组成的结构，如砌体—混凝土结构、混凝土—钢结构。建筑结构根据其结构形式，可以分为排架结构、框架结构、剪力墙结构、筒体结构和大跨结构等。其中框架结构，是目前多层房屋的主要结构形式；剪力墙结构和筒体结构主要用于高层建筑。图 2-16 所示为混凝土结构示意图。

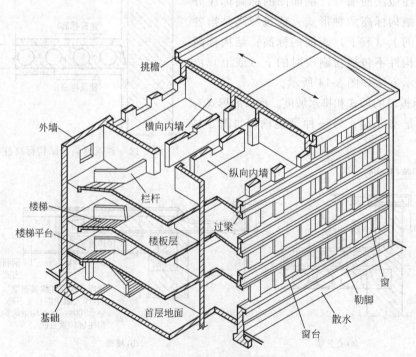

图 2-16 混凝土结构示意图

（2）结构施工图的作用　房屋结构施工图是表达房屋承重构件（如基础、梁、板、柱及其他构件）的布置、形状、大小、材料、构造及其相互关系的图样，主要用来作为施工放线、开挖基槽、支模板、绑扎钢筋、设置预埋件、浇捣混凝土和安装梁、板、柱等构件及编制预算和施工组织计划等的依据。

结构施工图。 结构施工图的识图要点如下。

① 由大到小，由粗到细。在识读结构施工图时，首先应识读结构平面布置图，然后识读构件图，最后才能识读构件详图或断面图。

② 牢记常用图例和符号。在建筑工程施工图中，为了表达的方便和简捷，也让识读人员一目了然，在图样绘制中有很多的内容采用符号或图例来表示。因此，对于识读人员务必牢记常用的图例和符号，这样才能顺利地识读图纸，避免识读过程中出现"语言"障碍。施工图中常用的图例和符号是工程技术人员的共同语言或组成这种语言的字符。

③ 注意尺寸及其单位。在图纸中的图形或图例均有其尺寸，尺寸的单位为"米（m）"和"毫米（mm）"两种，除了图纸中的标高和总平面图中的尺寸用米为单位外，其余的尺寸均以毫米为单位，且对于以米为单位的尺寸在图纸中尺寸数字的后面一律不加注单位，共同形成一种默认。

（3）结构施工图内容

① 结构设计说明。结构设计说明是带全局性的文字说明，内容包括：抗震设计与防火要求；材料的选型、规格、强度等级；地基情况；施工注意事项；选用标准图集等。

② 结构平面布置图。结构平面布置图包括基础平面图、楼层结构平面布置图、屋面结构平面图等。

③ 构件详图。构件详图内容包括梁、板、柱及基础结构详图、楼梯结构详图、屋架结构详图和其他详图（天窗、雨篷、过梁等）。

表 2-3 为某建筑的图纸目录，从中可以看出一套完整的结构施工图基本涵盖的内容。

表 2-3　某住宅楼的结构图纸目录

序号	图号	图名	张数	备注
1	结施-01	结构设计总说明	1	
2	结施-02	基础平面图	1	
3	结施-03	基础详图	1	
4	结施-04	柱布置及地沟详图	1	
5	结施-05	一层顶梁配筋图	1	
6	结施-06	一层顶板配筋图	1	
7	结施-07	二至五层顶板配筋图	1	
8	结施-08	六层顶梁板配筋图	1	
9	结施-09	屋面檩条布置图	1	
10	结施-10	楼梯结构图	1	

2. 结构施工图常用构件代号

为了图示简明扼要，便于查阅、施工，在结构施工图中，常用规定的代号来表示结构构件。构件的代号通常以构件名称的汉语拼音第一个大写字母表示，见表 2-4。

表 2-4　常用构件代号

序号	名称	代号	序号	名称	代号
1	板	B	28	屋架	WJ
2	屋面板	WB	29	托架	TJ
3	空心板	KB	30	天窗架	CJ
4	槽型板	CB	31	框架	KJ
5	折板	ZB	32	刚架	GJ
6	密肋板	MB	33	支架	ZJ
7	楼梯板	TB	34	柱	Z
8	盖板或沟盖板	GB	35	框架柱	KZ
9	挡雨板、檐口板	YB	36	构造柱	GZ
10	吊车安全走道板	DB	37	承台	CT
11	墙板	QB	38	设备基础	SJ
12	天沟板	TGB	39	桩	ZH
13	梁	L	40	挡土墙	DQ
14	屋面梁	WL	41	地沟	DG
15	吊车梁	DL	42	柱间支撑	ZC
16	单轨吊车梁	DDL	43	垂直支撑	CC
17	轨道连接	DGL	44	水平支撑	SC
18	车挡	CD	45	梯	T
19	圈梁	QL	46	雨篷	YP
20	过梁	GL	47	阳台	YT
21	连系梁	LL	48	梁垫	LD
22	基础梁	JL	49	预埋件	M
23	楼梯梁	TL	50	天窗端壁	TD
24	框架梁	KL	51	钢筋网	W
25	框支梁	KZL	52	钢筋骨架	G
26	屋面框架梁	WKL	53	基础	J
27	檩条	LT	54	暗柱	AZ

注：1. 预制钢筋混凝土构件、现浇钢筋混凝土构件、钢构件和木构件，一般可直接采用本表中的构件代号。在设计中，当需要区别上述构件种类时，应在图纸中加以说明。

2. 预应力钢筋混凝土构件代号，应在构件代号前加注"Y"，如 Y-KB 表示预应力钢筋混凝土空心板。

3. 结构施工图中钢筋的识读

（1）常用钢筋符号表示　常用钢筋符号表示如表 2-5 所示。

表 2-5　普通钢筋强度标准值

种类	符号	常用直径/mm	钢筋等级
HPB 300（Q300）	ϕ	8~20	I
HRB 335（20MnSi）	Φ	6~50	II
HRB 400（20MnSiV、20MnSiNb、20MnTi）	Φ	6~50	III
RRB 400（K20MnSi）	Φ^R	8~40	IV

（2）钢筋的标注　钢筋的直径、根数及相邻钢筋中心距在图样上一般采用引出线方式标注，其标注形式有下面两种。

① 标注钢筋的根数和直径，如图 2-17 所示。

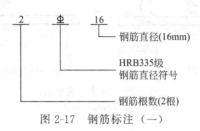

图 2-17　钢筋标注（一）

② 标注钢筋的直径和相邻钢筋中心距。

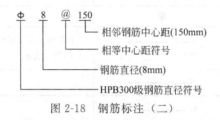

图 2-18　钢筋标注（二）

（3）构件中钢筋的名称　配置在钢筋混凝土结构中的钢筋（图 2-19），按其作用可分为表 2-6 所示几种类型。

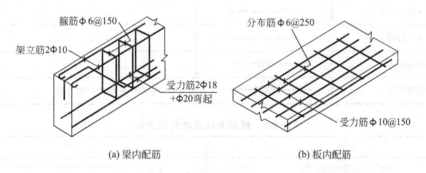

(a) 梁内配筋　　　　　　　　　(b) 板内配筋

图 2-19　构件中钢筋的名称

表 2-6　混凝土结构中的钢筋

类型	作　用
受力筋	承受拉、压应力的钢筋。配置在受拉区的称受拉钢筋；配置在受压区的称受压钢筋。受力筋还分为直筋和弯起筋两种
箍筋	承受部分斜拉应力，并固定受力筋的位置
架立筋	用于固定梁内钢箍位置；与受力筋、钢箍一起构成钢筋骨架
分布筋	用于板内，与板的受力筋垂直布置，并固定受力筋的位置。当受力钢筋为 HPB 300 级钢筋时，钢筋的端部设弯钩，以加强与混凝土的握裹力，如图 2-20 所示；如果是带肋钢筋，端部不必设弯钩
构造筋	因构件构造要求或施工安装需要而配置的钢筋，如腰筋、预埋锚固筋、吊环等

（4）普通钢筋和预应力钢筋的一般表示法　分别见表 2-7 和表 2-8。

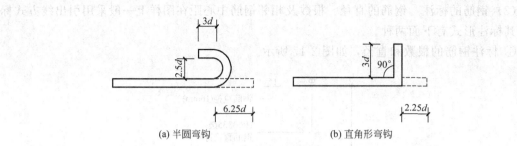

(a) 半圆弯钩　　　　　　　　(b) 直角形弯钩

图 2-20　钢筋弯钩形式

d—钢筋直径

表 2-7　普通钢筋的一般表示法

名称	图例	说明
钢筋横断面	●	—
无弯钩的钢筋端部		下图表示长、短钢筋投影重叠时,短钢筋的端部用45°斜划线表示
带半圆形弯钩的钢筋端部		—
带直钩的钢筋端部		—
带螺纹的钢筋端部		—
无弯钩的钢筋搭接		—
带半圆弯钩的钢筋搭接		—
带直钩的钢筋搭接		—
花篮螺丝钢筋接头		—
机械连接的钢筋接头		用文字说明机械连接的方式

表 2-8　预应力钢筋的表示方法

名称	图例
预应力钢筋或钢绞线	
后张法预应力钢筋断面 无黏结预应力钢筋断面	⊕
单根预应力钢筋断面	+
张拉端锚具	
固定端锚具	
锚具的端视图	⊕
可动联结件	
固定联结件	

（5）钢筋的尺寸标注　受力钢筋的尺寸按外尺寸标注，箍筋的尺寸按内尺寸标注，如图 2-21 所示。

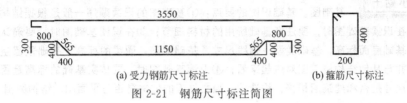

(a) 受力钢筋尺寸标注　　　　　　(b) 箍筋尺寸标注

图 2-21　钢筋尺寸标注简图

（6）钢筋的混凝土保护层　为防止钢筋锈蚀，加强钢筋与混凝土的黏结力，在构件中的钢筋外缘到构件表面应保持一定的厚度，该厚度称为保护层。保护层的厚度应查阅设计说明。当设计无具体要求时，保护层厚度应不小于钢筋直径，并应符合表 2-9 的要求。

表 2-9　钢筋混凝土保护层厚度　　　　　　　　　　单位：mm

环境与条件	构件名称	混凝土强度等级		
		低于 C25	C25 及 C30	高于 C30
室内正常环境	板、墙、壳	15		
	梁和柱	25		
露天或室内高湿度环境	板、墙、壳	35	25	15
	梁和柱	45	35	25
有垫层	基础	35		
无垫层		70		

二、建筑基础图快速识读

1. 基础图的作用和基本内容

（1）基础图的作用　基础是建筑物的重要组成部分，它承受建筑物的全部荷载，并将其传给地基。地基不是建筑物的组成部分，只是承受建筑物荷载的土层。基础的构造形式一般包括条形基础、独立基础、桩基础、箱形基础、筏形基础等。图 2-22 所示为条形基础组成示意图。

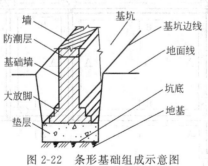

图 2-22　条形基础组成示意图

基础图是表示建筑物相对标高±0.000 以下基础的平面布置、类型和详细构造的图样。它是施工放线、开挖基槽或基坑、砌筑基础的依据。一般包括基础平面图、基础详图和说明三部分。

知识小贴士

基础图。 基础识图的要点：①基础图的识读顺序一般是根据结构类型，从下到上看；②在识读基础图时，要注意基础所用的材料细节；③在识读基础图时，要确认并核实基础埋置深度、基础底面标高，基础类型、轴线尺寸、基础配筋、圈梁的标高、基础预留空洞位置及标高等数据，并与其他结构施工图对应起来看；④识读基础图时，要核实基础的标高是否与建筑图相矛盾，平面尺寸是否和建筑图相符，构造柱、独立柱等的位置是否与平面图、结构图相一致。

（2）基础图的基本内容　　假想用一个水平面沿房屋底层室内地面附近将整幢建筑物剖开后，移去上层的房屋和基础周围的泥土向下投影所得到的水平剖面图，称为基础平面图，简称基础图。基础图主要是表示建筑物在相对标高±0.0以下基础结构的图纸。

在基础平面图中应表示出墙体轮廓线、基础轮廓线、基础的宽度和基础剖面图的位置、标注定位轴线和定位轴线之间的距离。在基础剖面图中应包括全部不同基础的剖面图。图中应正向反映剖切位置处基础的类型、构造和钢筋混凝土基础的配筋情况，所用材料的强度、钢筋的种类、数量和布置方式等，应详尽标注各部分尺寸。

2. 基础平面图

（1）基础平面图的内容

① 图名和比例。

② 纵横向定位轴线及编号、轴线尺寸。

③ 基础墙、柱的平面布置，基础底面形状、大小及其与轴线的关系。

④ 基础梁的位置、代号。

⑤ 基础的编号、基础断面图的剖切位置线及其编号。

⑥ 施工说明，即所用材料的强度、防潮层做法、设计依据以及施工注意事项。

（2）基础平面图（图2-23）的表示方法

① 定位轴线。基础平面图应注出与建筑平面图相一致的定位轴线编号和轴线尺寸。

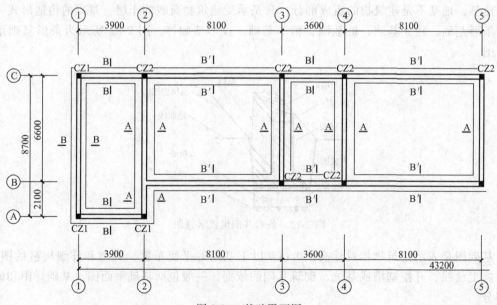

图 2-23　基础平面图

② 图线。在基础平面图中，只画基础墙、柱及基础底面的轮廓线，基础的细部轮廓线（如大放脚）一般省略不画。

③ 凡被剖切到的墙、柱轮廓线，应画成中实线；基础底面的轮廓线应画成细实线。

④ 基础梁和地圈梁用粗点划线表示其中心线的位置。

⑤ 基础墙上的预留管洞，应用虚线表示其位置，具体做法及尺寸另用详图表示。

（3）比例和图例 基础平面图中采用的比例及材料图例与建筑平面图相同。

（4）尺寸标注

① 外部尺寸。基础平面图中的外部尺寸只标注两道，即定位轴线的间距和总尺寸。

② 内部尺寸。基础平面图中的内部尺寸应标注墙的厚度、柱的断面尺寸和基础底面的宽度。

3. 基础详图

（1）基础详图的形成 基础详图是用较大的比例画出的基础局部构造图，用以表达基础的细部尺寸、截面形式与大小、材料做法及基础埋置深度等。对于条形基础，基础详图就是基础的垂直断面图；对于独立基础，应画出基础的平面图、立面图和断面图。

（2）基础详图的内容

① 图名、比例。

② 轴线及其编号。

③ 基础断面形状、大小、材料及配筋。

④ 基础断面的详细尺寸和室内外地面标高及基础底面的标高。

⑤ 防潮层的位置和做法。

⑥ 垫层、基础墙、基础梁的形状、大小、材料和标号。

⑦ 施工说明。

（3）基础详图的表示方法

① 图线。基础详图的轮廓线用中实线表示，钢筋符号用粗实线绘制。钢筋混凝土独立基础除画出基础的断面图外，有时还要画出基础的平面图，并在平面图中采用局部剖面表达底板配筋，如图 2-24 所示。

② 比例和图例。基础详图常用 1∶10、1∶20、1∶50 的比例绘制。基础断面除钢筋混凝土材料外，其他材料宜画出材料图例符号。

③ 不同构造的基础应分别画出其详图，当基础构造相同仅部分尺寸不同时，也可用一个详图表示，但需标出不同部分的尺寸。基础断面图的边线一般用粗实线画出，断面内应画出材料图例；若是钢筋混凝土基础，则只画出配筋情况，不画出材料图例。

如图 2-25 所示为某建筑条形基础的详图。

4. 基础图的识读步骤

阅读基础图时，首先看基础平面图，再看基础详图。

（1）识图基础平面图步骤

① 轴线网。对照建筑平面图查阅轴线网，二者必须一致。

② 基础墙的厚度、柱的截面尺寸，它们与轴线的位置关系。

③ 基础底面尺寸。对于条形基础，基础底面尺寸就是指基础底面宽度；对于独立基础，基础底面尺寸就是指基础底面的长和宽。

④ 管沟的宽度及分布位置。

⑤ 墙体留洞位置。

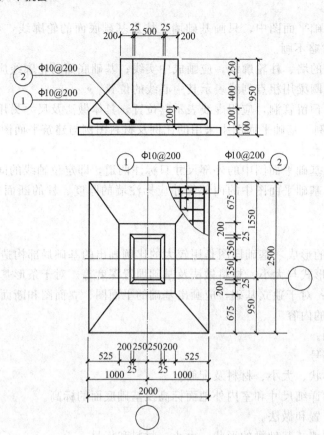

图 2-24 独立基础详图

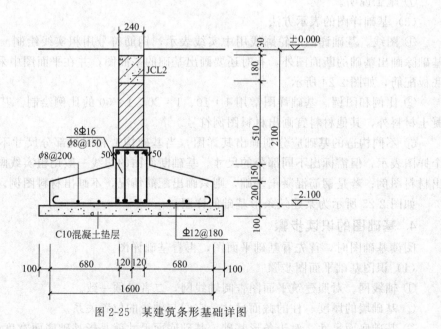

图 2-25 某建筑条形基础详图

⑥ 断面剖切符号。阅读剖切符号明确基础详图的剖切位置及编号。

（2）识图基础详图步骤

① 看图名、比例。从基础的图名或代号和轴线编号，对照基础平面图，依次查阅，确

定基础所在位置。

②看基础的断面形式、大小、材料以及配筋。

③看基础断面图中基础梁的高、宽尺寸或标高以及配筋。

④看基础断面图的各部分详细尺寸。注意大放脚的做法、垫层厚度，圈梁的位置和尺寸、配筋情况等。

⑤看管线穿越洞口的详细做法。

⑥看防潮层位置及做法。了解防潮层与正负零之间的距离及所用材料。

⑦阅读标高尺寸。通过室内外地面标高及基础底面标高，可以计算出基础的高度和埋置深度。

三、结构平面图快速识读

1. 结构平面图的形成与作用

（1）结构平面图的形成 结构平面图是指设想一个水平剖切面，使它沿着每层楼板结构面将建筑物切成上下两部分，移开上部分后往下看，所得到的水平投影图形。结构平面图反映所有梁所形成的梁网，相关的墙、柱和板等构件的相对位置，以及板的类型、梁的位置和代号，钢筋混凝土现浇板的配筋方式和钢筋编号、数量、标注定位轴线及开间、进深、洞口尺寸和其他主要尺寸等。

> **知识小贴士**
>
> 结构平面图。结构平面图的识读要点：①建筑平面图主要表示建筑各部分功能布置情况，位置尺寸关系等情况；而结构平面图主要表示组成建筑内部的各个构件的结构尺寸、配筋情况、连接方式等；②统计梁的编号，应标注齐全、准确，梁的截面尺寸应标注清楚，标明与轴线的关系，梁居中或偏心与柱齐一般不标注，只是做统一说明；③注意特殊板的厚度尺寸，当大部分板厚度相同时，一般只标出特殊的板厚，其余的用文字说明；④在结构平面图中，一定要弄清楚所有预留洞、预埋件的标注数据。在后期施工过程中不同工种的施工预留、预埋配合，往往在附注中或总说明中会有说明。

（2）结构平面图的作用 结构平面图为施工中安装梁、板、柱等各种构件提供依据，同时为现浇构件立模板、绑扎钢筋、浇筑混凝土提供依据。

（3）结构平面图的表示方法 结构平面图的表示方法见表2-10。

表 2-10 结构平面图的表示方法

构件类型	表示方法
定位轴线	结构布置图应注出与建筑平面图一致的定位轴线编号和轴线尺寸
图线	楼层、屋顶结构平面图中一般用中实线剖切到或可见的构件轮廓线，图中虚线表示不可见构件的轮廓线（如被遮盖的墙体、柱子等），门窗洞口一般可不画
梁、屋架、支撑、过梁	一般用粗点划线表示其中心位置，并注写代号。如梁为 L1、L2、L3；过梁为 GL1、GL2 等；屋架为 WJ1、WJ2 等；支撑为 ZC1、ZC2 等
柱	被剖到的柱均涂黑，并标注代号，如 Z1、Z2、Z3 等
圈梁	当圈梁（QL）在楼层结构平面图中没法表达清楚时，可单独画出其圈梁布置平面图。圈梁用粗实线表示，并在适当位置画出断面的剖切符号。圈梁平面图的比例可采用小比例，如 1∶200，图中要求注出定位轴线的距离和尺寸

2. 结构平面图的基本内容

建筑物结构平面图一般包括结构平面布置图、局部剖面详图、构件统计表、构件钢筋配筋标注和设计说明等。

(1) 楼层结构平面图　在楼层结构平面图中主要表示的内容有如下几点。

① 图名和比例。比例一般采用1:100,也可以用1:200。

② 轴线及其编号和轴线间尺寸。

③ 预制板的布置情况和板宽、板缝尺寸。

④ 现浇板的配筋情况。

⑤ 墙体、门窗洞口的位置,预留洞口的位置和尺寸。门窗洞口宽用虚线表示,在门窗洞口处,注明预制钢筋混凝土过梁的数量和代号,如1GL10.3,或现浇过梁的编号GL1、GL2等。

⑥ 各节点详图的剖切位置。

⑦ 圈梁的平面布置。一般用粗点划线画出圈梁的平面位置,并用QL1等这样的编号标注,圈梁断面尺寸和配筋情况通常配以断面详图表示。

(2) 平屋顶结构平面图　与楼层结构平面图表示方法基本相同,不过有以下几个在识读时应注意的事项。

① 一般屋面板应有上人孔或设有出屋面的楼梯间和水箱间。

② 屋面上的檐口设计为挑檐时,应有挑檐板。

③ 若屋面设有上人楼梯间时,原来的楼梯间位置应设计有屋面板,而不再是楼梯的梯段板。

④ 有烟道、通风管道等出屋面的构造时,应有预留孔洞。

⑤ 若采用结构找坡的平屋面,则平屋面上应有不同的标高,并且以分水线为最高处,天沟或檐沟内侧的轴线上为最低处。

(3) 局部剖面详图　在结构平面图中,鉴于比例的关系,往往无法把所有结构内容全部表达清楚,尤其是局部较复杂或重点的部分更是如此。因此,必须采用较大比例的图形加以表述,这就是所谓的局部剖面详图。它主要用来表示砌体结构平面图中梁、板、墙、柱和圈梁等构件之间的关系及构造情况,例如板搁置于墙上或梁上的位置、尺寸,施工的方法等。

(4) 构件统计表与设计说明　为了方便识图,在结构平面图中设置有构件表,在该表中列出所有构件的序号、构造尺寸、数量以及构件所采用的通用图集的编号、名称等。

在结构设计中,更难以用图形表达,或根本不能用图形表达者,往往采用文字说明的方式表达;在结构局部详图设计说明中对施工方法和材料等提出具体要求。

3. 结构平面图的识读步骤

现以现浇板为例介绍结构平面图的识读步骤。

① 查看图名、比例。

② 校核轴线编号及间距尺寸,与建筑平面图的定位轴线必须一致。

③ 阅读结构设计总说明或有关说明,确定现浇板的混凝土强度等级。

④ 明确现浇板的厚度和标高。

⑤ 明确板的配筋情况,并参阅说明,了解未标注分布筋的情况。

水准测量

第一节　水准仪和塔尺

一、DS$_3$型微倾式水准仪的构造

DS$_3$型微倾式水准仪（图 3-1），它主要由望远镜、水准器和基座三个基本部分组成。

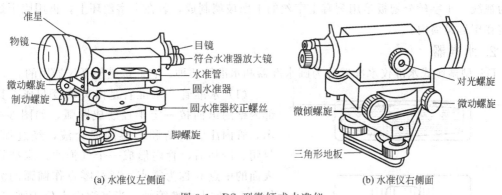

(a) 水准仪左侧面　　　　　　　　　　　(b) 水准仪右侧面

图 3-1　DS$_3$型微倾式水准仪

1. 望远镜

水准仪的望远镜是用来瞄准水准尺并读数的，它主要由物镜、目镜、对光螺旋和十字丝分划板组成。图 3-2 为 DS$_3$型微倾式水准仪内对光式倒像望远镜构造略图。

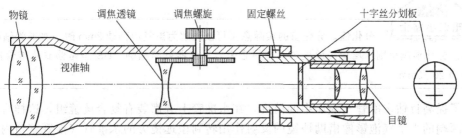

图 3-2　DS$_3$型微倾式水准仪内对光式倒像望远镜构造略图

　　水准仪。水准仪按其精度分为 $DS_{0.5}$、DS_1、DS_3 等几个等级。代号中的"D"和"S"是"大地"和"水准仪"的汉语拼音的第一个字母，其下标数值意义为：仪器本身每千米往返测高差中数能达到的精度，以"mm"计。

物镜的作用是使远处的目标在望远镜的焦距内形成一个倒立的、缩小的实像（图 3-3）。

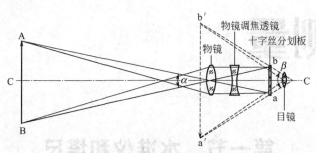

图 3-3　望远镜成像原理

当目标处在不同距离时，可调节对光螺旋，带动凹透镜使成像始终落在十字丝分划板上，这时，十字丝和物像同时被目镜放大为虚像，以便观测者利用十字丝来标准目标。当十字丝的交点瞄准到目标上某一点时，该目标点即在十字丝交点与物镜光心的连线上，这条线称为视线。十字丝分划板是用刻有十字丝的平面玻璃制成，装在十字丝环上，再用固定螺丝固定在望远镜筒内。

2. 水准器

DS_3 型微倾式水准仪水准器分为圆水准器和水准管两种，它们都是整平仪器用的。

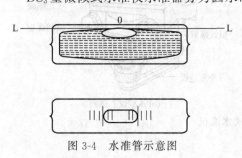

图 3-4　水准管示意图

（1）水准管　　水准管是由玻璃管制成，其上部内壁的纵向按一定半径磨成圆弧，如图 3-4 所示，管内注满酒精和乙醚的混合液，经过加热、封闭、冷却后，管内形成一个气泡水。水准管内表面的中点 0 称为零点，通过零点作圆弧的纵向切线 LL 称为水准管轴。当气泡中点位于零点时，称为气泡居中，此时水准管轴水平。自零点向两侧每隔 2mm 刻一个分划，每 2mm 弧长所对的圆心角称为水准管分化值。

　　分化值。分化值的实际意义可以理解为当气泡移动 2mm 时，水准管轴所倾斜的角度。分化值越小则水准管灵敏度越高，用它来整平仪器就越精确。DS_3 型微倾式水准仪的水准分化值为 20″/2mm。

为了提高目估水准管气泡居中的精度，在水准管上方都装有复合棱镜组，这样可使水准管气泡两端的半个气泡影像借助棱镜的反射作用转到望远镜旁的水准管气泡观察窗内。当两端的半个气泡影像错开时，标示气泡没有居中，这时旋转微倾螺旋可使气泡居中，气泡居中后则两端的半个气泡影像将对中，这种水准管上不需要刻分划线。这种具有棱镜装置的水准管又称为复合水准管，它能提高气泡居中的精度。

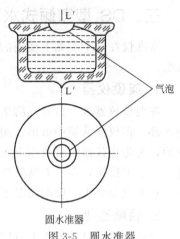

（2）圆水准器　　圆水准器是由玻璃制成呈圆柱状（图 3-5）。里面同样装有酒精和乙醚的混合液，其上部的内表面为一个半径为 R 的圆球面，中央刻有一个小圆圈，它的圆心 0 是圆水准器的零点，通过零点和球心的连线（0 点的法线）$L'L'$，称为圆水准器轴。当气泡居中时，圆水准器轴即处于铅垂位置。圆水准器的分化值一般为 $5'/2 \sim 10'/2mm$，灵敏度较低，只能用于粗略整平仪器，使水准仪的纵轴大致处于铅垂位置，以便用微倾螺旋使水准管的气泡精确居中。

图 3-5　圆水准器

3. 基座

基座的作用是用来支撑仪器的上部，并通过连接螺旋将仪器与三脚架连接。基座有三个可以升降的脚螺旋，转动脚螺旋可以使圆水准器的气泡居中，将仪器粗略整平。

各等级水准仪的基本结构大致相同，但对仪器的技术参数要求是不相同的。

二、水准尺和尺垫

水准尺（图 3-6）由干燥的优质木材、玻璃钢或铝合金等材料制成。水准尺有双面和塔尺两种，塔尺一般用在等外水准测量，其长度有 2m 和 5m 两种，可以伸缩，尺面分划为 1cm 或 0.5cm，每分米处注有数字，每米处也注有数字或以红黑点表示数，尺底为零。

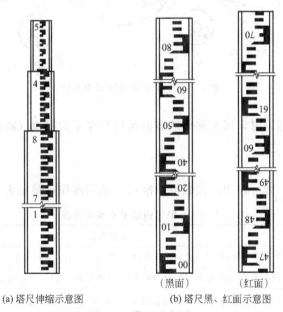

(a) 塔尺伸缩示意图　　(b) 塔尺黑、红面示意图

图 3-6　塔尺示意图

双面水准尺多用于三、四等水准测量，其长度为 3m，为不能伸缩和折叠的板尺，且两根尺为一对，尺的两面均有刻划，尺的正面是黑色注记，反面为红色注记，故又称红、黑面尺。

三、DS₃型微倾式水准仪的使用

水准仪在一个测站上使用的基本程序为架设仪器、粗略整平、瞄准水准尺、精确整平和读数。

1. 架设仪器

在架设仪器处，打开三脚架，通过目测，使架头大致水平且其高度适中，约在观测者的胸颈部，将仪器从箱中取出，用连接螺旋将水准仪固定在三脚架上。注意若在较松软的泥土地面，为防止仪器因自重而下沉，还要把三脚架的两腿踩实。然后，根据圆水准器气泡的位置，上、下推拉，左、右微转脚架的第三只腿，使圆水准器的气泡尽可能靠近圆圈中心的位置，在不改变架头高度的情况下，踩放稳脚架的第三只腿。

2. 粗略整平

为使仪器的竖轴处于大致铅垂位置，转动轴座上的三个脚螺旋，使圆水准器的气泡居中（图3-7）。整平方法：首先应使气泡居中，双手按相反方向同时转动两个脚螺旋1、2，使气泡移动到与圆水准器零点的连线垂直于1、2两个脚螺旋的连线处，也就是气泡、圆水准器零点、脚螺旋3三点共线。再转动另一个脚螺旋3，使气泡居中。

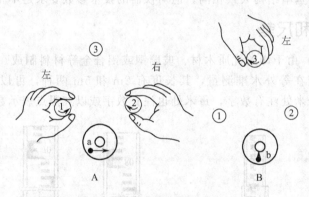

图3-7 圆水准器气泡居中方法

注意：在转动脚螺旋时，气泡移动的方向始终与左手大拇指（或右手食指）运动的方向一致。

3. 照准水准尺

仪器粗略整平后，即可用望远镜瞄准水准尺，基本操作步骤见表3-1。

表3-1 望远镜瞄准水准尺步骤

操作要点	注意内容
目镜对光	将望远镜对向较明亮处，转动目镜对光螺旋，使十字丝调至最为清晰为止
初步照准	松动仪器的制动螺旋，利用望远镜的照门和准星，对准水准尺，然后旋拧紧制动螺旋
物镜对光	转动望远镜物镜对光螺旋，直至看清水准尺刻划，再转动水平微动螺旋，使十字丝、竖丝处于水准尺一侧，完成水准尺的照准
消除视差	当照准目标时，眼睛在目镜处上下移动，若发现十字丝和尺像有相对移动，这种现象称为视差。视差会影响读数的准确性，必须加以消除。其方法是仔细调节对光螺旋，直至尺像与十字丝分划板平面重合为止，即当眼睛在目镜处上下移动，十字丝和尺像没有相对移动为止

4. 精确整平和读数

转动微倾螺旋，使水准气泡精确居中。当水准管气泡居中并稳定后，说明视准轴已成水平，此时，应迅速用十字丝中丝在水准尺上截取读数。由于水准仪望远镜有正像和倒像两种。在读数时，无论何种都应从小数往大数的方向读。即望远镜为正像应从下往上读，望远镜为倒像则应从上往下读。读数方法如图3-8所示，应读米、分米、厘米，估读至毫米。在读数时，一般应先估读毫米，再读米、分米、厘米，图3-8的读数为1.538m。读数后，还需要检查一下气泡是否移动了，若有偏离需用微倾螺旋调整气泡居中后再重新读数。

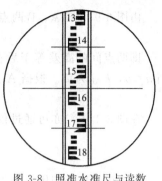

图3-8 照准水准尺与读数

第二节 水准测量的基本原理

水准测量的原理是利用水准仪提供的水平视线，通过竖立在两点上的水准尺读数，采用一定的计算方法，测定两点的高差，从而由一点的已知高程，推算另一点的高程。它是高程测量中精度较高且最常用的一种方法。

> **知识小贴士**
>
> 水准测量。从水准原点出发，国家测绘部门分别用一、二、三、四等水准测量，在全国范围内测定一系列水准点的高程。根据这些水准点的高程，为地形测量而进行的水准测量，称为图根水准测量；为某一工程而进行的水准测量，称为工程水准测量。

如图3-9所示，已知地面上A点高程为H_A，欲求B点高程H_B，则需先测出A、B两点之间的高差h_{AB}。将水准仪安置在A、B两点之间，利用水准仪建立一条水平视线，在测量时用该视线截取已知高程点A上所立水准尺之读数a，称为后视读数；再截取未知高程点B上所立水准尺之读数b，称为前视读数。观测从已知高程点A向未知高程点B进行，则称A点为后视点，B点为前视点。

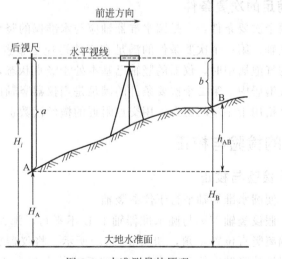

图3-9 水准测量的原理

由图 3-9 可知 A、B 两点之间的高差 h_{AB} 为：

$$h_{AB} = a - b \qquad (3\text{-}1)$$

即两点间的高差等于后视读数减前视读数。从图中可以看出，当 $a > b$ 时，h_{AB} 为正，当 $a < b$，h_{AB} 为负。根据 A 点已知高程 H_A 和测出的高差 h_{AB}，则 B 点的高程为 H_B 为：

$$H_B = H_A + h_{AB} = H_A + (a - b) \qquad (3\text{-}2)$$

在图 3-1 中，亦可通过仪器的视线高 H_i 求得 B 点的高程 H_B：

$$H_i = H_A + a$$
$$H_B = H_i - b \qquad (3\text{-}3)$$

公式(3-2)是利用高差 h_{AB} 计算 B 点高程，称为高差法。

公式(3-3)是通过仪器的视线高程 H_i 计算 B 点高程，称为仪高法。

第三节　水准仪的检验和校正

一、水准仪应满足的几何条件

水准仪有四条主要轴线（图 3-10），即水准管轴（LL）、望远镜的视准轴（CC）、圆水准器轴（L′L′）和仪器的竖轴（VV）。

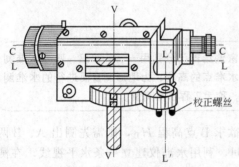

图 3-10　水准轴的主要轴线关系

校正螺丝

1. 水准仪应满足的主要条件

水准仪应满足两个主要条件：一是水准管轴应与望远镜的视准轴平行；二是望远镜的视准轴不因调焦而变动位置。第一个主要条件如不满足，那么水准管气泡居中后，水准管轴已经水平而视准轴却未水平，不符合水准测量的基本原理。第二个主要条件是为满足第一个条件而提出的。如果望远镜在调焦时视准轴位置发生变动，就不能设想在不同位置的许多条视线都能够与一条固定不变的水准管轴平行。望远镜调焦在水准测量中是不可避免的，因此必须提出此项要求。

2. 水准仪应满足的次要条件

水准仪应满足两个次要条件：一是圆水准器轴应与水准仪的竖轴平行；二是十字丝的横丝应垂直于仪器的竖轴。第一个次要条件的满足在于能迅速地整置好仪器，提高作业速度；也就是当圆水准器的气泡居中时，仪器的竖轴已基本处于竖直状态，使仪器旋转至任何位置都易于使水准管的气泡居中。第二个次要条件的满足是当仪器竖轴已经竖直，在读取水准尺上的读数时就不必严格用十字丝的交点，用交点附近的横丝读数也可以。

二、水准仪的检验与校正

1. 圆水准器的检验与校正

（1）检验目的　使圆水准器轴平行于仪器竖轴。

（2）检验原理　假设竖轴 VV 与圆水准器轴 L′L′ 不平行，那么当气泡居中时，圆水准器轴竖直，竖轴则偏离竖直位置 α 角，如图 3-11(a)所示。将仪器旋转 $180°$，如图 3-11(b)所示，此时圆水准器轴从竖轴右侧移至左侧，与铅垂线的夹角为 2α。圆水准器气泡偏离中心位置，气泡偏离的弧长所对的圆心角等于2α。

（3）检验方法 转动脚螺旋使圆水准器气泡居中，然后将仪器旋转180°，若气泡居中，说明此项条件满足；若气泡偏离中心位置说明此条件不满足，需要校正。

（4）校正方法 用校正针拨动圆水准器下面的三个校正螺钉，使气泡退回偏离中心距离的一半，此时圆水准器与轴竖轴平行，如图 3-11（c）所示；在旋转脚螺旋使气泡居中，此时竖轴处于数值位置，如图 3-11（d）所示。此项工作须反复进行，直到仪器旋转至任何位置圆水准器气泡皆居中为止。

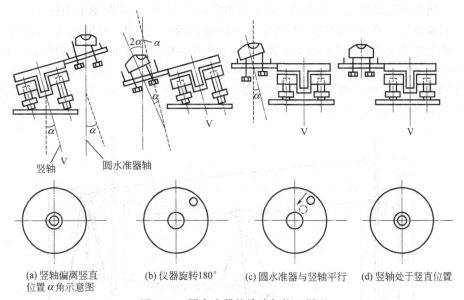

(a) 竖轴偏离竖直   (b) 仪器旋转180°   (c) 圆水准器与竖轴平行   (d) 竖轴处于竖直位置
位置α角示意图

图 3-11 圆水准器的检验与校正原理

知识小贴士

水准仪的检验与校正。 水准仪在出厂时经过检验已满足上述条件，但由于运输中的震动和长期使用，各轴线的关系有可能发生变化，因此在作业之前，必须对仪器进行检验校正。

2. 十字丝横丝的检验校正

（1）检验目的 使十字丝横丝垂直于仪器竖轴。

（2）检验原理 如果十字丝横丝不垂直于仪器竖轴，当竖轴处于竖直位置时，十字丝横丝是不水平的，横丝的不同部位水准尺的读数不相同。

（3）检验方法 仪器整平后，从望远镜视场内选择一清晰目标点，用十字丝交点照准目标点，拧紧制动螺旋。

经验指导

转动水平微动螺旋，若目标点始终沿横丝作相对移动，说明十字丝横丝垂直于竖轴；如果目标偏离开横丝，则表明十字丝横丝不垂直于竖轴，需要校正。

（4）校正方法 松开目镜座上的三个十字丝环固定螺栓，松开四个十字丝环压螺钉。转动十字丝环，使横丝与目标点重合，再进行检验，直至目标点始终在横丝上相对移动为止，最后拧紧固定螺钉，盖好护罩。

3. 水准管轴的检验与校正

（1）检验目的　使水准管轴平行于视准轴。

（2）检验原理　若水准管轴与视准轴不平行，会出现一个夹角 i，由于 i 角的影响产生的读数误差称为 i 角误差，此项检验也称 i 角检验。在地面上选定两点 A、B，将仪器安置在 A、B 两点中间，测出正确高差 h，然后将仪器移至 A 点（或 B 点）附近，再测高差 h'，若 $h=h'$，则水准管轴平行于视准轴，即 i 角为零，若 $h\neq h'$，则两轴不平行。

（3）检验方法　在一平坦地面上选择 $60\sim80\text{m}$ 的两点 A、B，分别在 A、B 两点打入木桩，在木桩上竖立水准尺，将水准仪位置在 A、B 两点的中间，使前、后视距相等，如图 3-12 所示，精确整平后，依次照准 A、B 两点上的水准尺并读数，设读数分别为 a 和 b，因前、后视距距离相等，所以 i 角对前、后视读数的影响等均为 x，A、B 两点的高差为 $h_1=(a_1-x)-(b_1-x)=a_1-b_1$。

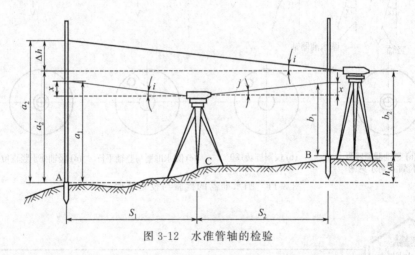

图 3-12　水准管轴的检验

（4）校正方法　转动微倾螺旋，使十字丝的横丝切于 A 尺的正确读数 a_2' 处，此时视准轴水平，但水准管气泡偏离中心。用校正针先松开水准管的左右校正螺钉，然后拨动上下校正螺钉，一松一紧，升降水准管的一端，使气泡居中。此项检验需反复进行，符合要求后，将校正螺钉旋紧。

当 i 角误差不大时，也可用升降十字丝进行校正。

经验指导

校正方法是：水准仪照准 A 尺不动，旋下十字丝护罩，松动左右两个十字丝环校正螺钉，用校正针拨动上下两个十字丝环校正螺钉，一紧一松，直至十字丝横丝照准正确读数 a_2' 为止。

第四节　建筑工程水准测量操作

安置一次仪器观测完成一个过程称为一个测站。在一个测站上的工作是：安置仪器、后视读数、前视读数、记录计算和校核。

表 3-2 为观测记录手簿，起点为 BM$_A$，终点为 BM$_B$，中间的转点用 TP 表示，起点的

已知高程为 43.274m，终点的已知高程为 43.466m。因为在计算高程时有高差法和视线高法，所以在记录表格中也有两种记录方法，记录表格也有两种，表 3-2 所示为高差法。

表 3-2 水准测量高差法记录手簿

工程：　　　　　　　　　　天气：　　　　　　　　成像：
日期：　　　　　　　　　　观测：　　　　　　　　记录：

点号	后视读数/m	前视读数/m	高差/m		高程/m	备注
			+	−	43.274	（已知）
BM$_A$	1.655		0.178		43.452	
TP$_1$	1.369	1.478		0.175	43.277	
TP$_2$	1.715	1.543		0.110	43.167	
TP$_3$	2.013	1.825	0.302		43.469	（测值）
BM$_B$		1.711	0.480	0.285		
Σ	6.752	6.558				
计算校核	\multicolumn{6}{l}{$\sum a = \sum b = 6.752 - 6.557 = 0.195$(m)}

计算校核：
$\sum a = \sum b = 6.752 - 6.557 = 0.195$(m)
$\sum h = 0.480 - 0.285 = 0.195$(m)
H(终点测值) − H(起点已知值) = 43.469 − 43.273 = 0.195(m)

成果校核：
实测闭合差 $f_h = H$(终点测值) − H(起点已知值) = 43.469 − 43.466 = 0.003(m) = 3mm

在表 3-2 中，第一测站后视 BM$_A$ 读数是 1.655m，记录在 BM$_A$ 一行的后视读数一栏内；前视 TP$_1$ 的读数是 1.478m，记录在 TP$_1$ 一行的前视读数一栏内。后视读数减前视读数是这一站的高差：1.655 − 1.478 = +0.178(m)，记录在 BM$_A$ 和 TP$_1$ 两行之间的高差栏内，转点 TP$_1$ 的高程是 BM$_A$ 的高程加上这一站测得的高差：43.274 + 0.178 = 43.452(m)。

表 3-3 是视线高法记录表格，第一测站后视 BM$_A$ 读数是 1.656m，记录在 BM$_A$ 一行的后视读数一栏内，这时用后视点的已知高程加后视读数就得到该站的视线高：$H_1 = 43.274 + 1.656 = 44.930$(m)。

表 3-3 水准测量视线高法记录手簿

工程：　　　　　　　　　　天气：　　　　　　　　成像：
日期：　　　　　　　　　　观测：　　　　　　　　记录：

点号	后视读数/m	仪器高/m	前视读数/m		高程/m	备注
			转点	中间点		
BM$_A$	1.656	44.930			43.274	
					43.452	
TP$_1$	1.369	44.821	1.478		43.277	
TP$_2$	1.715	44.992	1.544		43.167	
TP$_3$	2.013	45.108	1.825		43.469	
BM$_B$			1.711			
Σ	6.753		6.558			

计算校核：
$\sum a - \sum b = 6.753 - 6.558 = 0.195$(m)
$\sum h = 0.480 - 0.285 = 0.195$(m)
H(终点测值) − H(起点已知值) = 43.469 − 43.274 = 0.195(m)

成果校核：
实测闭合差 $f_h = H$(终点测值) − H(起点已知值) = 43.469 − 43.466 = 0.003(m) = 3mm
允许闭合差 = ±10mm > 3mm（合格）

观测完后要进行计算校核和路线校核。计算校核是利用公式将每个测站的后视总和减去每个测站的前视总和应该等于每站的高差总和，还应等于最后终点的观测高程减去起始点的已知高程。计算校核正确，只能说明按照表中的数字计算没有错误，而不能说明观测、记录及已知的起始数据是否正确，要证明这些是否都正确还需要进行路线校核。

水准测量手簿应当是边观测、边计算，如果发现问题应及时采取措施加以解决。

知识小贴士　**路线校核。**路线校核是先要求得观测闭合差，观测闭合差是观测的数值减去已知或应有的数值。闭合差用小写字母 f 表示。将闭合差与允许闭合差进行比较，只有当观测闭合差的绝对值等于或小于允许闭合差的绝对值时才算合格。

第五节　水准测量的方法

一、水准点和水准路线

1. 水准点

用水准测量方法测定高程的控制点称为水准点，一般用 BM 表示。国家等级的水准点应按要求埋设永久性固定标志，不需要永久保存的水准点，可在地面上打入木桩，或在坚硬岩石、建筑物上设置固定标志，并用红色涂料标注记号和编号。地面水准点应按一定规格埋设，在标石顶部设置有不易腐蚀的材料制成的半球状标志，如图 3-13(a) 所示；墙角水准点应按规格要求设置在永久性建筑物上，如图 3-13(b) 所示。

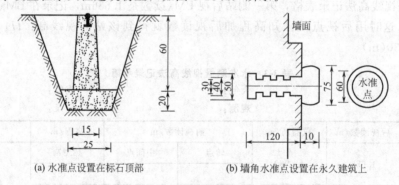

(a) 水准点设置在标石顶部　　　　(b) 墙角水准点设置在永久建筑上

图 3-13　水准点标注及点之记

知识小贴士　**水准测量。**我国国家水准测量按精度要求不同分为一、二、三、四等，不属于国家规定等级的水准测量一般称为普通（或称等外）水准测量。普通水准测量的精度比国家等级水准测量低，水准路线的布设及水准点的密度可根据实际要求有较大的灵活性，等级水准测量和普通水准测量的作业原理相同。

2. 水准路线

水准路线是水准测量施测时所经过的路线。水准路线应尽量沿公路、大道等平坦地面布设，以保证测量精度。水准路线上两相邻水准点之间称为一个测段。水准路线的布设形式分单一水准路线和水准网，单一水准路线有以下三种布设形式。

（1）附合水准路线　从一个已知高级水准点出发，沿路线上各待测高程的点进行水准测量，最后附合到另一个已知高级水准点上，这种水准路线称为附合水准路线，如图 3-14（a）所示。

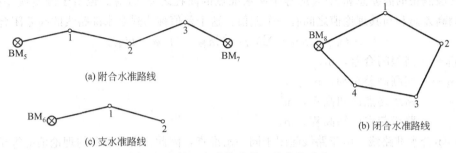

图 3-14　单一水准线路的三种布设形式

（2）闭合水准路线　从一个已知高级水准点出发，沿环线上各待测高程的点进行水准测量，最后仍返回到原已知高级水准点上，称为闭合水准路线，如图 3-14（b）所示。

（3）支水准路线　从一个已知高级水准点出发，沿路线上各待测高程的点进行水准测量，既不附合到另一高级水准点上，也不自行闭合，称为支水准路线，如图 3-14（c）所示。

附合水准路线和闭合水准路线因为有检核条件，一般采用单程观测；支水准路线没有检核条件，必须进行往、返观测或单程双线观测（简称单程双测）来检核观测数据的正确性。

二、水准测量的方法、记录计算

1. 普通水准测量的观测程序

普通水准测量的观测程序如下。

① 在有已知高程的水准点上立水准尺，作为后视尺。

② 在路线的前进方向上的适当位置放置尺垫，在尺垫上竖立水准尺作为前视尺。仪器到两水准尺间的距离应基本相等，最大视距不大于 150m。

③ 安置仪器，使圆水准器气泡居中。照准后视标尺，消除视差，用微倾螺旋调节水准管气泡并使其精确居中，用中丝读取后视读数，并计入手簿。

④ 照准前视标尺，使水准管气泡居中，用中丝读取前视读数，并计入手簿。

⑤ 将仪器迁至第二站，此时，第一站的前视尺不动，变成第二站的后视尺，第一站的后视尺移至前面适当位置成为第二站的前视尺，按第一站相同的观测程序 进行第二站测量。

⑥ 如此连续观测、记录，直至终点。

2. 注意事项

① 在已知高程点和待测高程点上立尺时，应直接放在标石中心（或木桩）上；

② 仪器到前、后水准尺的距离要大致相等，可用视距或脚步量测确定；

③ 水准尺要扶直，不能前后左右倾斜；

④ 尺垫仅用于转点，仪器迁站前，不能移动后视点的尺垫；

⑤ 不得涂改原始读数的记录，读错或记错的数据应划去，再将正确数据写在上方，并在相应的备注栏内注明原因，记录簿要干净、整齐。

三、水准测量成果计算

内业计算前，必须对外业手簿进行检查，检查无误方可进行成果计算。

1. 高差闭合差及其允许值的计算

（1）附合水准路线　附合水准路线是由一个已知高程的水准点测量到另一个已知高程的水准点，各段测得的高差总和 $\sum h_测$ 应等于两水准点的高程之差 $\sum h_理$。但由于测量误差的影响，使得实测高差总和与其理论值之间有一个差值，这个差值称为附合水准路线的高差闭合差。

$$f_h = \sum h_测 - \sum h_理 = \sum h_测 - (H_终 - H_始) \tag{3-4}$$

式中　f_h——高差闭合差，m；

　　$\sum h_测$——实测高差总和，m；

　　$H_终$——路线终点已知高程，m；

　　$H_始$——路线起点已知高程，m。

（2）闭合水准路线　由于路线起闭于同一水准点，因此，高差总和的理论值应等于零，但因测量误差的存在使得实测高差的总和往往不等于零，其值称为闭合水准路线的高差闭合差。

$$f_h = \sum h_测 \tag{3-5}$$

（3）支水准路线　通过往返观测，得到往返高差的总和 $\sum h_往$ 和 $\sum h_返$，理论上应大小相等，符号相反，但由于测量误差的影响，两者之间产生一个差值，这个差值称为支水准路线的高差闭合差。

$$f_h = \sum h_往 + \sum h_返 \tag{3-6}$$

2. 高差闭合差的调整和高程计算

（1）高差闭合差的调整　当高差闭合在容许值范围之内时，可进行闭合差调整，附合或闭合水准路线高差闭合差的分配原则是将闭合差按距离或测站数成正比例反号改正到各测段的观测高差上。高差改正按式(3-7) 和式(3-8) 计算。

$$V_i = -f_h / \sum L \times L_i \tag{3-7}$$

或

$$V_i = -f_h / \sum n \times n_i \tag{3-8}$$

式中　V_i——测段高差的改正数，m；

　　f_h——高差闭合差，m；

　　$\sum L$——水准路线总长度，m；

　　L_i——测段长度，m；

　　$\sum n$——水准线路测站数总和；

　　n_i——测段测站数。

高差改正数的总和应与高差闭合差大小相等，符号相反，即

$$\sum V_i = -f_h \tag{3-9}$$

用式(3-9) 检核计算的正确性。

（2）计算改正后的高差　将各段高差观测值加上相应的高差改正数，求出各段改正后的高差，即

$$h_i = h_{i测} + V_i \tag{3-10}$$

对于支水准线路，当闭合差符合要求时，可按下式计算各段平均高差：

$$h = (h_往 - h_返)/2 \tag{3-11}$$

式中　h——平均高差，m；

$h_往$——往测高差，m；

$h_返$——返测高差，m。

（3）**计算各点高程** 根据改正后的高差，由起点高程沿路线前进方向逐一推算其他各点的高程。最后一个已知点的推算高程应等于改点的已知高程，由此检验计算是否正确。

第六节　水准测量数据成果校核与处理

一、附合水准路线的成果校核

1. 计算高差闭合差

从理论上讲，在整个水准线路上观测所得到的各段高差的总和应该等于这个路线的已知高差（起终点间的高差）。但由于测量误差的影响，往往两者并不相等，其差值称为高差闭合差，以 f_h 表示。

$$f_h = H_{终计} - H_{终知} = H_{起知} + \sum h_测 - H_{终知}$$
$$= \sum h_测 - (H_{终知} - H_{起知}) = \sum h_测 - \sum h_知$$

式中　$H_{终计}$——终点的计算高程；

　　　　$H_{起知}$——起点的已知高程；

　　　　$H_{终知}$——终点的已知高程；

　　　　$\sum h_测$——观测高差总和；

　　　　$\sum h_知$——已知高差。

2. 计算允许闭合差、进行精度评定

在一般建筑工程水准测量中，采用《工程测量规范》（GB 50026—2007）规定的四等水准允许闭合差的公式进行计算，即：

$$f_{h允} = \pm 20 \text{mm} \sqrt{L}$$

式中　$f_{h允}$——允许闭合差（水准线路观测高差闭合差的允许值）；

　　　　L——水准路线总长，以 km 计。

每千米内测站数超过 15 站时，使用公式：$f_{h允} = \pm 6 \text{mm} \sqrt{n}$

式中　n——水准路线观测的测站总数。

若高差闭合差小于或等于允许闭合差，即 $|f_h| \leqslant |f_{h允}|$，则称观测精度合格；若高差闭合差大于允许闭合差，即 $|f_h| > |f_{h允}|$，则称观测精度不合格。当精度不合格时，观测数据不能采用，需要重新观测。

3. 分配高差闭合差、计算调整后的高程

如果观测精度合格，要将高差闭合差反号并按照与测站数或线路长度成正比地分配到高差中，并计算调整后的高程。高差闭合差调整值的计算公式为：

$$V_i = -f_h / \sum n \times n_i$$

或
$$V_i = -f_h / \sum L \times L_i$$

式中　V_i——第 i 站（或第 i 段）的高差调整值（又称高差改正数）；

　　　　f_h——高差闭合差；

　n_i、L_i——第 i 站（或第 i 段）的测站数、线路长度；

$\sum n$、$\sum L$——水准路线的总测站数、总长度。

二、闭合水准路线的成果校核

闭合水准路线的成果校核方法与附合水准路线的成果校核方法基本一致，它的起点和终点相同，即高程相等。可以设想，如果在附合水准路线中，起点、终点高程恰好相等，只是点的名称不同，这时已经知道如何进行它的成果校核。现在仅仅是将终点的名称换成与起点相同，所以它的成果校核方法可以完全按照附合水准路线的成果校核方法来进行。

经验指导

高差闭合差的计算可以简化。$f_h = H_{终计} - H_{终知} = H_{起知} + \sum h_{测} - H_{终知} = \sum h_{测} - (H_{终计} - H_{终知}) = \sum h_{测}$，即各段观测高差的总和就是高差闭合差。

三、支水准路线的成果校核

支水准路线采用往测和返测的观测方法形成多余观测，构成了检核条件。它的成果校核步骤如下。

（1）计算高差闭合差 f_h

$$f_h = \sum h_{往} + \sum h_{返}$$

（2）计算允许闭合差、评定观测精度　允许闭合差的计算与闭合水准路线和附合水准路线的计算方法相同，唯一的区别是测站数和线路长度均按单程计算，而非全部。

（3）计算往返测的平均高差，求出欲求点的高程

$$h_{均} = -(\sum h_{往} - \sum h_{返})/2$$

$$H_{欲} = H_{知} + h_{均}$$

第七节　水准测量误差产生的主要原因及对策

一、水准测量误差的来源与影响因素

1. 仪器和工具的误差

（1）水准仪的误差　仪器经过检验校准后，还会存在残余误差，如微小的 i 角误差。当水准管气泡居中时，由于 i 角误差使视准轴不处于准确水平的位置，会造成在水准尺上的读数误差。在一个测站的水准测量中，如果使前视距与后视距相等，则 i 角误差对高差测量的影响可以消除。严格地检校仪器和按水准测量技术要求限制视距差的长度，是降低本项误差的主要措施。

（2）水准尺的误差　水准尺的分划不精确、尺底磨损、尺身弯曲都会给读数造成误差，因此必须使用符合技术要求的水准尺。

2. 整平误差

水准测量是利用水平视线测定高差的，当仪器没有精确整平，则倾斜的视线将使标尺读数产生误差。

$$\Delta = i/P \times D$$

3. 仪器和标尺升（沉）误差

（1）仪器下沉（或上升）所引起的误差　仪器下沉（或上升）的速度与时间成正比，如图 3-15(a) 所示，从读取后视读数 a 到读取前视读数 b 时，仪器下沉了 Δ 则有：$h_1 = a_1 - (b_1 + \Delta)$

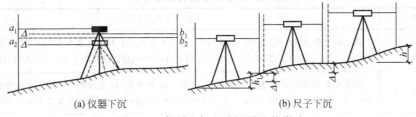

图 3-15　仪器和标尺升沉误差的影响

（2）尺子下沉（或上升）引起的误差　与往测与返测时尺子下沉量是相同的，则由于误差符号相同，而往测与返测高差符号相反，因此，取往测和返测高差的平均值可消除其影响。

4. 读数误差的影响

（1）当尺像与十字丝分划板平面不重合时　眼睛靠近目镜上下移动，发现十字丝和目镜像有相对运动，称为视差；视差可通过重新调节目镜和物镜调焦螺旋加以消除。

（2）估读误差与望远镜的方法都与视距长度有关　故各线水准测量所用仪器的望远镜和最大视距都有相应规定，普通水准测量中，要求望远镜放大率在 20 倍以上，视线长不超过 150m。

5. 大气折射的影响

因为大气层密度不同，对光线会产生折射，使视线产生弯曲，从而使水准测量产生误差。视线离地面愈近，视线愈长，大气折射的影响愈大。为消减大气折射的影响，只能采取缩短视线，并使视线离地面有一定的高度及前视、后视的距离相等的方法。

6. 偶然误差

在相同的观测条件下，做一系列的观测，如果观测误差在大小和符号上都表现出随机性，即大小不等、符号不同，但统计分析的结果都具有一定的统计规律性，这种误差称为偶然误差。

由于偶然误差表现出来的随机性，所以偶然误差也称随机误差，单个偶然误差的出现不能体现出规律性，但在相同条件下重复观测某一量，出现的大量偶然误差都具有一定的规律性。

偶然误差是不可避免的。为了提高观测成果的质量，常用的方法是采用多余观测结果的算术平均值作为最后观测结果。

> **知识小贴士**　**偶然误差。**偶然误差是由于人的感觉器官和仪器的性能受到一定的限制，以及观测时受到外界条件的影响等原因造成的。如仪器本身构造不完善而引起的误差、观测者的估读误差、照准目标时的照准误差等，不断变化着的外界环境，温度、湿度的忽高忽低，风力的忽大忽小等，会使观测数据有时大于被观测量的真值，有时小于被观测量的真值。

二、误差的解决方法及对策

误差的解决方法及对策见表 3-4。

表 3-4   误差的解决方法及对策

误差种类	解决方法及措施
水准管不平行于视准轴的误差	这项误差在普通水准测量时影响较小,一般不予考虑,但在精密水准测量时必须要注意,消除这项误差的办法是在观测时三脚架中的一条固定的支架要按奇、偶数站分别安置在路线的左右两侧
仪器下沉	在土质松软的地方安置仪器时一定要将三脚架踩实,防止仪器下沉,经常在奇数站用"后—前—前—后",在偶数站用"前—后—后—前"的顺序进行观测,可减少仪器下沉的误差
扶尺不垂直	扶尺时如果倾斜,读数总是偏大,所以扶尺一定要垂直。有些尺子上有圆水准器,在使用前要对其进行校验校正,扶尺时,圆水准器中的气泡要居中
温度引起的误差	地面在阳光照射下,温度高,空气波动大,所以在观测时中丝要离开地面 0.3m 以上。

第八节   普通水准仪的保养与维护注意事项

一、测量仪器检修的设备、工具和材料

1. 常用工具

主要有各种大小和型号的旋具、钟表起子、不锈钢镊子、吹风球、玻璃罩、培养皿、锤子、手钳、尖嘴钳、小台钳、放大镜、活动扳手、毛刷、校正针、竹镊子、千分尺、游标卡尺、酒精灯、锉刀、螺纹规、丝锥等。

修理仪器要有一工作台,台子上铺一块厚胶皮,台子的左右及后部要有挡板,防止小零件滚落。

2. 主要材料

仪器用油脂以使运转部位灵活,有润滑作用但无腐蚀,在 −40℃ 不凝结,在 + 50℃ 不挥发,长时间内不水解。

轴系用油一般不应低于 5 号(特种油脂商店有售),其他油脂的种类很多,如手轮油、各种黄油,另外还有仪器的密封油灰等。

清洗仪器部件的清洁液有:酒精能溶解虫胶、油脂,乙醚能溶解油脂、石蜡,丙酮能溶解有机胶和硝基漆,天那水(香蕉水)能溶解有机胶类和油漆类,煤油和汽油可清洁金属表曲并能除锈。

用于黏合光学零件的黏结材料有甲醇胶、冷杉树脂胶及加拿大胶等。

研磨材料有水砂纸、银粉砂纸等。另外还应有脱脂棉和擦拭布等。

以上工具和材料需要什么购置什么,不能一下全购置齐备。如清洗液和润滑油脂类时间长了则会挥发变干,失去作用。

二、普通水准仪常见故障的修理

仪器外表的擦拭应先用毛刷刷去灰尘,然后用干净的软布擦拭。如有污垢尽量不使用溶剂,因为溶剂会将仪器表面的防护漆溶解掉。可用稀释的中性肥皂水去擦洗,一般是能见效的。

拧螺钉时,注意螺钉是正扣还是反扣,不能拧反了。拆下来、已经清洗的小零件要放在培养皿内,光学零件则要用罩子罩住。轴系上油只能上一两滴,其他部位的润滑油也不能过多,不能让润滑油弄脏仪器的外表面,否则要擦拭干净。安装时按拆卸时的相反程序进行,不要遗漏安装小的零部件。

经验指导

　　望远镜和目镜有灰尘，先用软毛刷刷掉浮灰，再用镜头纸擦。擦拭时应由中间向外进行，而且每擦拭一次，就要换一下镜头纸的位置，防止裹着的灰尘微粒划伤镜头。

　　拆卸仪器时，用力不要过猛，拧不动的螺钉要找出原因，如有锈迹，则应先除锈。

普通水准仪常见的故障有如下几种，具体见表 3-5。

表 3-5　普通水准仪常见故障及解决

故障种类	原因及解决方法
目镜十字丝调焦不清	其主要原因是目镜位置不正确。将目镜旁的止头螺钉拧松，再将目镜向外或向内旋转，待十字丝清楚后将止头螺钉拧紧
物镜调焦不清	常见原因是物镜环松动。将望远镜筒前边外侧的止头螺钉拧松，将物镜环转动至正确位置，再将止头螺钉拧紧
制动螺旋、微倾螺旋和微动螺旋转动不灵	常见原因是油垢太多。拆卸下来清洗后安装，特别是微倾螺旋在安装时一定要注意它有一个顶针，这个顶针一定要入位，否则微倾螺旋不起作用
脚螺旋转动不灵	常见原因是油垢太多，应拆卸下来清洗后重新安装。在此要注意，脚螺旋上有一枣核形螺母，它的螺杆上有一固定螺钉，这个螺钉应是反扣的，不能拧反。另外，枣核形螺母容易磨损，如磨损严重，则要更换。基座下部有一块不锈钢三角板，其主要的作用是在下端固定 3 个脚螺旋，它用 3 个螺钉与基座下边相连，这 3 个螺钉不能拧得过紧或过松，过紧脚螺旋转动困难，过松则仪器会晃动
竖轴转动不灵	常见原因是缺油或油腻太多。在望远镜与基座之间有一固定螺钉，将它拧松，用手握住望远镜筒，垂直向上稍微用力，即可将竖轴从轴套中抽出。在清洗竖轴和轴套时，一定要小心，不能用硬物或铁器划伤，应用竹签或塑料裹脱脂棉进行清洗。加轴系油后再安装。在望远镜与基座之间有一制动环，在清洗竖轴与轴套的同时，对它也应清洗，上软黄油后再装回

第九节　其他类型水准仪介绍

　　自动安平水准仪是一种只需概略整平即可获得水平视线读数的仪器，即利用水准仪上的圆水准器将仪器概略整平时，由于仪器内部自动安平机构（自动安平补偿器）的作用，十字丝交点上读得的读数始终为视线严格水平时的读数。这种仪器操作迅速简便，测量精度高，深受测量人员欢迎。

一、自动安平原理

　　如图 3-16 所示，若视准轴倾斜了 α 角，为使经过物镜光心的水平光线仍能通过十字丝交点 A，可采用如下两种方法：

　　① 在望远镜的光路中设置一个补偿器装置，使光线偏转一个 β 角而通过十字丝交点 A；

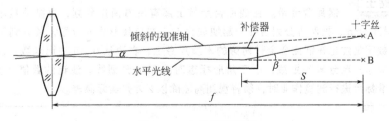

图 3-16　自动安平原理

② 若能使十字丝交点移至 B, 也可使视准轴处于水平位置而实现自动安平。

二、DZS3-1 型自动安平水准仪

我国北京光学仪器厂生产的 DZS3-1 型自动安平水准仪有如下特点。

① 采用轴承吊挂补偿棱镜的自动安平机构, 为平移光线式自动补偿器。

② 设有自动安平警告指示器, 可以迅速判别自动安平机构是否处于正常工作范围, 提高了测量的可靠性。

③ 采用空气阻尼器, 可使补偿元件迅速稳定。

④ 采用正像望远镜, 观测方便。

⑤ 设置有水平度盘, 可方便地粗略确定方位。

三、精密水准仪

精密水准仪主要应用于国家一、二等水准测量和高精度的工程测量中, 如建筑物的变形观测、大型建筑物的施工及大型设备的安装等测量工作。

精密水准仪的构造与水准仪基本相同, 也是由望远镜、水准器和基座三个主要部件组成, 国产 S_1 型精密水准仪如图 3-17 所示, 其光学测微器的最小读数为 0.05mm。

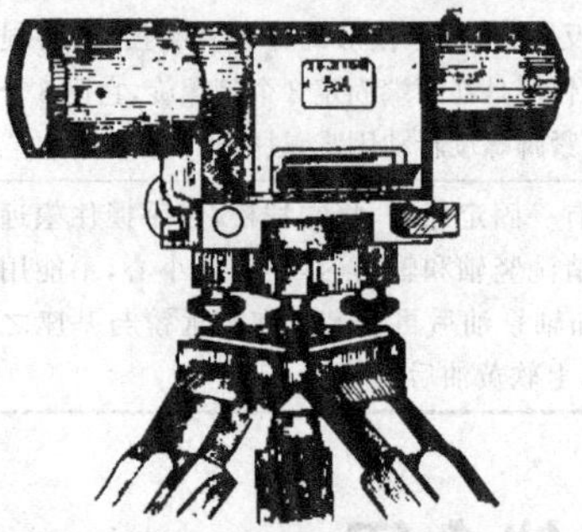

图 3-17 精密水准仪

为了进行精密水准测量, 精密水准仪必须具备下列几点要求。

(1) 高质量的望远镜光学系统 为了获得水准标尺的清晰影像, 望远镜的放大倍率应大于 40 倍, 物镜的孔径应大于 50mm。

(2) 高灵敏的管水准器 精密水准仪的管水准器的格值为 10/2mm。

(3) 高精度的测微器装置 精密水准仪必须有光学测微器装置, 以测定小于水准标尺最小分划线间格值的尾数, 光学测微器可直读 0.1mm, 估读到格值的尾数。

(4) 坚固稳定的仪器结构 为了相对稳定视准轴与水准轴之间的关系, 精密水准仪的主要构件均采用特殊的合金钢制成。

(5) 高性能的补偿器装置 精密水准仪配套使用的精密水准标尺, 标尺全长为 3m, 在木质尺身中间的槽内, 装有膨胀系数极小的铟瓦合金带, 带的下端固定, 上端用弹簧拉紧, 以保证铟瓦合金带的长度不受木质尺身伸缩变形的影响。

知识小贴士

铟瓦合金带。 在铟瓦合金带上漆有左右两排分划, 每排的最小分划值均为 10mm, 彼此错开 5mm, 把两排分划合在一起便成为左、右交替形式的分划, 其分划值为 5mm。水准标尺分划的数字是注记在铟瓦合金带两旁的木质尺身上, 右边从 0~5 注记米数, 左边注记分米数, 大三角形标志对准分米分划线, 小三角形标志对准 5cm 分划线。注记的数值为实际长度的 2 倍, 故用此水准标尺进行测量作业时, 须将观测高差除以 2 才是实际高差。

角度测量

第一节 建筑工程施工常用光学经纬仪

一、J_6 型光学经纬仪的构造

光学经纬仪的基本构造是由照准部、水平度盘和基座三个部分组成，图 4-1 所示为 DJ$_6$-1 型光学经纬仪的外观及部件名称。

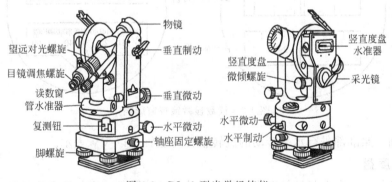

图 4-1 DJ$_6$-1 型光学经纬仪

> **知识小贴士**
>
> **经纬仪。** 经纬仪是以测角为主要功能的测量仪器。按照精度的不同，经纬仪可以划分为高精密经纬仪（J_{07}）、精密经纬仪（J_1）、中精度经纬仪（J_2）、普通经纬仪（J_6）和低精度经纬仪（J_{30}）五级。按照构造的不同可以划分为光学经纬仪和电子经纬仪等两种。
>
> 一般工程测量中较常使用的是 J_2 型和 J_6 型经纬仪（"J"表示经纬仪，"2"或"6"表示一测回水平方向的中误差为 ±2″或 ±6″），当精度要求较高时，采用 J_2 型经纬仪。

1. 照准部

照准部主要包括望远镜、水准器、竖直度盘、读数显微镜和竖轴等。

（1）望远镜 经纬仪望远镜的构造与水准仪望远镜的构造基本相同。同样由十字丝中央交点和物镜光心的连线构成视准轴（CC），提供一条照准视线，并配有目镜对光螺旋和物镜对光螺旋。不同的是，十字丝竖丝一半是单丝，另一半是双丝。此外，经纬仪望远镜不仅能随照准部一起绕仪器的中心旋转轴（竖轴）作水平转动，而且能够绕自身的旋转轴（横轴，以 HH 表示）作竖直转动，并配有水平制微动螺旋和竖直制微动螺旋，分别控制水平旋转和竖直旋转。通过调节以上三对螺旋（目镜、物镜对光螺旋；水平制微动螺旋；竖直制微动螺旋），可以使观测者照准并看清位于不同方向、不同高度的观测目标。

（2）水准器 在经纬仪上，水准器也包括圆水准器（水准盒）和长水准器（水准管）两种，水准器的水准轴定义与水准仪上的水准器水准轴相同。圆水准器用于概略整平，长水准器用于精密整平。

（3）竖直度盘 竖直度盘是一块垂直放置的、周边刻有 0°～360°刻划线的圆形或环形光学玻璃度盘，它主要用于竖直角的观测。

（4）读数显微镜 读数显微镜是一个读取度盘读数的装置，用它不仅可以读取水平度盘和竖直度盘的刻划读数，而且可以精确地读取度盘最小刻划值以下的数值读数。

读数显微镜位于望远镜旁边，它内部的视场影像如图 4-2 所示。这是通过一套光学棱镜、透镜系统的折射和反射作用将度盘的影像投射进来的。

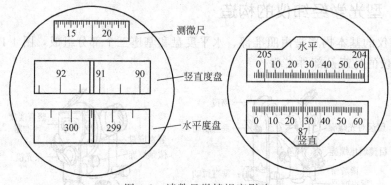

图 4-2 读数显微镜视窗影响

（5）竖轴 照准部进行水平转动的旋转轴称为竖轴，以 VV 表示。

2. 水平度盘

水平度盘是一个套在竖轴轴套之外的水平状的玻璃圆环，它与照准部是分离的，当照准部转动时，度盘是不动的。因此，望远镜照准不同的方向，水平度盘指标就指向不同的读数。

3. 基座

经纬仪的基座与水准仪的基座基本相同，主要起支承仪器的上部构造（照准部）以及与三脚架进行连接的作用，不同的是它还具有一个可以悬挂垂球的吊钩，用于仪器的对中操作。

二、经纬仪的基本操作

1. 安置仪器

经纬仪的安置操作包括对中和整平两项。

2. 对中

对中是指将水平度盘的中心即仪器竖轴中心置于欲测角顶点（测站点）的铅垂线上。

依据仪器对中设备的不同可将对中操作分为垂球对中和光学对中两种。光学对中的操作需要与整平相配合来完成，所以放在整平之后介绍。

垂球对中的操作步骤如下。

① 打开三脚架，调整三只架腿到适当的长度，将其架设于地面，尽量使架面中心位于测站点的正上方，并使三腿脚尖按适当跨度分立，尽量呈等边三角形，保持架面水平，高度适中。

② 打开仪器箱，取出经纬仪，放在三脚架架面上，通过连接螺旋将其固定。取出垂球，悬挂在三脚架连接螺旋下部的吊钩上，调整垂球线的长度，使垂球尖与地面接近但并不接触。

③ 通过相互垂直的两个方向观察，看垂球尖是否与测站点对正。若有较大偏离可在地面上平行移动三脚架达到对中状态，若偏离较小可稍微松开连接螺旋，将仪器在架面上平移使垂球尖精确对准测站点后，再旋紧连接螺旋。

3. 整平

整平是指让仪器的竖轴处于铅垂状态，同时水平度盘也将处于水平状态。整平可分为概略整平和精密整平两个步骤。

（1）概略整平 概略整平是要达到圆水准器气泡居中，其操作方法与水准仪的概略整平相同。

（2）精密整平

① 旋转照准部使水准管与任意两只脚螺旋的连线方向平行，如图 4-3 所示，水准管与1、2 两只脚螺旋的连线方向平行，然后调整这两只脚螺旋使水准管气泡居中。调整时，气泡的移动方向与左手大拇指旋动的方向是一致的，两手以相反的方向同时旋转这两只脚螺旋，可以迅速使气泡居中。

② 将照准部旋转 90°，使水准管与刚才那两只脚螺旋的连线方向垂直，调整第三只脚螺旋使水准管气泡居中（图 4-3）。

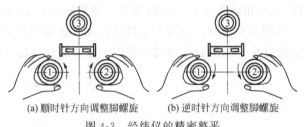

(a) 顺时针方向调整脚螺旋 　　(b) 逆时针方向调整脚螺旋

图 4-3 经纬仪的精密整平

③ 旋转照准部到任意位置，观察气泡是否仍然居中。如果不居中，重复上述整平步骤，直至水准管气泡在任何方向上都居中为止。

4. 具有光学对中设备的经纬仪的对中和整平方法

现在生产的各类经纬仪，都具有光学对中设备，不仅可以避免刮风对对中的影响，也可大大提高对中的精度，图 4-4 所示为光学对点器的基本构造及原理示意图。

① 按照垂球对中操作的步骤架设好三脚架，打开仪器箱，取出经纬仪，放在三脚架架面上，通过连接螺旋将其固定。

② 对光学对点器进行目镜和物镜对光，使其可以清晰地看到十字丝、圆圈和地面测站点标志（或地面），如图 4-4 所示。如果点标志与十字丝交点不重合时，要用双手同时摆动

两条架腿，使光学对点器的十字丝交点正好对准测站点，然后通过调整三脚架架腿高度的方法达到概略整平的状态。

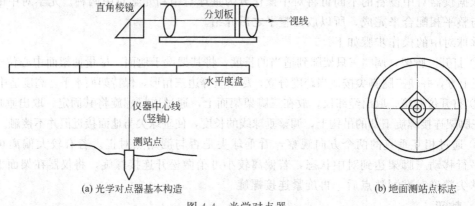

(a) 光学对点器基本构造　　　　　　　　　　(b) 地面测站点标志

图 4-4　光学对点器

③ 进行精密整平，然后观察光学对点器，看十字丝交点是否依然对准测站点，如果没有对准，可稍微松开连接螺旋，在架面上平移仪器使光学对点器的十字丝交点对准测站点后，再将连接螺旋旋紧。

④ 旋转照准部到任意位置，观察光学对点器对中及水准管气泡居中情况，如果没有达到要求，可以重复以上步骤，直到满足要求为止。

三、照准目标

照准目标就是用望远镜的视准轴对准观测目标，即通过望远镜看到十字丝交点对准观测目标。照准操作的具体步骤如下。

① 水平旋转照准部，同时上下转动望远镜，利用望远镜上的照门和准星对准目标后（称概略照准）进行水平制动和垂直制动。

② 进行望远镜目镜对光和物镜对光，消除视差，然后转动水平微动螺旋和垂直微动螺旋达到精确对准目标。当测水平角时，要用十字丝竖向双丝夹准比较细小的目标或用十字丝竖向单丝平分比较粗大的目标；当测竖直角时，要用十字丝横丝切准目标，并使目标尽量靠近十字丝交点。

四、读数

读数是指对照准目标方向的度盘刻划的读取。读数时，先要打开进光窗并调整反光镜的方向及角度，使读数显微镜内亮度均匀适中，然后转动读数显微镜目镜对光螺旋，使度盘及测微尺影像清晰，最后进行读数。

第二节　经纬仪测量的基本原理

一、水平角与竖直角的概念

1. 水平角

地面上一点到两个目标点的方向线在水平面上的投影线之间的夹角称为水平角。如

图 4-5 所示，A、O、B 为三个高度不同的地面点，连线 OA、OB 自然不是水平线。将 A、O、B 三点沿着各自的铅垂线向水平面 P 进行投影，得到 a、o、b 三个投影点，投影线 oa、ob 之间的夹角 β 即为地面直线 OA、OB 之间的水平角。

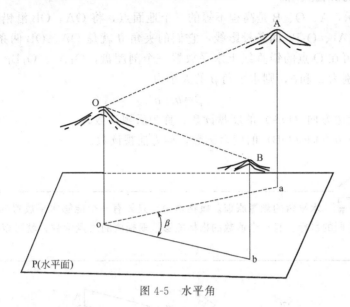

图 4-5　水平角

知识小贴士

角度测量。 角度测量包括水平角测量和竖直角测量。水平角是确定地面点平面位置的基本要素，竖直角是确定地面点高程的一个要素。

2. 竖直角

在同一个铅垂面内，某一点到观测目标点的方向线与水平线之间的夹角称为竖直角。如图 4-6 所示，目标方向线 OA 在水平线之上，竖直角为正，称为仰角；目标方向线 OB 在水平线之下，竖直角为负，称为俯角。竖直角一般采用符号"α"表示。

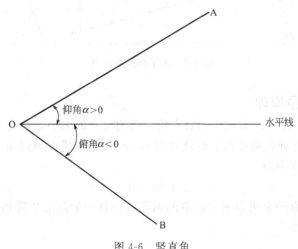

图 4-6　竖直角

二、角度的测量原理

1. 水平角的测量原理

如图 4-7 所示，A、O、B 是高程不等的三个地面点，将 OA、OB 沿铅垂方向投影到水平面上，得出 O_1A_1、O_1B_1 两条投影线，它们的夹角 β 就是 OA、OB 两条直线的水平角。欲测定 β 大小，可在 O 点的铅垂线上水平放置一个刻度盘，O_1A_1、O_1B_1 方向线在刻度盘上的对应读数分别为 a 和 b，则水平角 β 的大小为

$$\beta = b - a$$

式中　　a——起始边方向（OA）的度盘读数，称为后视读数；

　　　　b——终止边方向（OB）的度盘读数，称为前视读数。

> **知识小贴士**
>
> **水平角的测量原理。**概括地说，只要有一个能够水平放置的刻度盘、有一个照准装置以瞄准不同的目标、有一个读数的指标能够读取相应的度盘读数，就可以得到水平角 β 的大小。

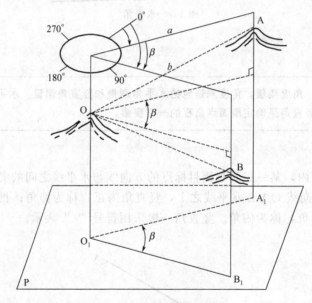

图 4-7　水平角测量原理

2. 竖直角的测量原理

如图 4-8 所示，α 为 OA 方向线的竖直角，欲测定 α 的大小，可在 O 点上垂直放置一个刻度盘，OA 方向线在垂直刻度盘上的读数为 c，水平方向线在刻度盘上的读数一定，假设为 d，则竖直角 α 的大小为

$$a = c - d$$

也就是说，只要有一个可以垂直放置的刻度盘、有一个照准装置和一个读数指标，就能够得到竖直角 α 的大小。

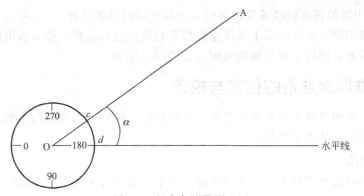

图 4-8　竖直角测量原理图

知识小贴士　**竖直角的测量原理**。综合上述分析，如果有一种仪器能够具备水平角和竖直角测角时所需要的装置，就可以实现角度的测量了。

第三节　经纬仪的检验和校正

要想测得可靠的水平角与竖直角，经纬仪各部件之间必须满足一定的几何条件。仪器各部件间的正确关系，在制造时虽然已满足要求，但由于运输和长期使用，各部件间的关系必然会发生一些变化，故做测角作业前，应针对经纬仪必须满足的条件进行必要的检验与校正。

经纬仪的主要轴线（图 4-9）有：竖轴 VV、横轴 HH、望远镜视准轴 CC 和照准部水准管轴 LL。由测角原理可知，观测角度时，经纬仪的水平度盘必须水平、竖盘必须铅垂、望远镜上下转动的视准面（视准轴绕横轴的旋转面）必须为铅垂面；观测竖直角时，竖盘指标还应处于其正确的位置。因此，经纬仪应满足下列条件。

① 照准部水准管轴垂直于仪器的竖轴（LL⊥VV）。

② 十字丝竖丝垂直于仪器的横轴。

③ 望远镜的视准轴垂直于仪器的横轴（CC⊥HH）。

④ 仪器的横轴垂直于仪器的竖轴（HH⊥VV）。

⑤ 竖盘指标处于正确位置（$x = 0$）。

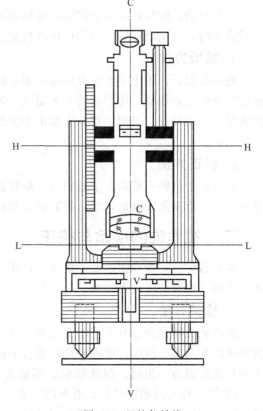

图 4-9　经纬仪轴线

⑥ 光学对中器的视准轴经棱镜折射后，应与仪器的竖轴重合。

在经纬仪使用前，必须对以上各项条件按下列顺序进行检验，如不满足应进行校正。对校正后的残余误差，还应采取正确的观测方法消除其影响。

一、照准部水准管的检验与校正

检校目的：使照准部水准管轴垂直于仪器的竖轴，这样可以利用调整照准部水准管气泡的方法使竖轴铅垂，从而整平仪器。

1. 检验方法

假设仪器并将其大致整平，转动照准部，使水准管平行于任意两个脚螺旋的连线，旋转这两个脚螺旋，使水准管气泡居中，此时水准管轴水平。将照准部旋转 180°，若水准管气泡仍然居中，表明条件满足，不用校正。若水准管气泡偏离中心，表明两轴不垂直，需要校正。

2. 校正方法

首先转动上述两个脚螺旋，使气泡向中央移动到偏离值的一半，此时竖轴处于铅垂位置，两水准管轴倾斜，用校正针拨水准管一端的校正螺钉，使气泡居中，此时水准管轴水平，竖轴铅垂，即水准管轴垂直于仪器的竖轴的条件满足。校正后，应再次将照准部旋转 180°，若气泡仍不居中，应按上述方法再进行校正。如此反复，直至照准部在任意位置时，气泡均居中为止。

二、十字丝的检验与校正

检校目的：使竖丝垂直于横轴，这样观测水平角时，可用竖丝的任何部位照准目标；观测竖直角时，可用横丝的任何部位照准目标。显然，这将给观测带来方便。

1. 检验方法

整平仪器后，用十字丝交点照准一固定的、明显的点状目标，固定照准部和望远镜，旋转望远镜的微动螺旋，使望远镜上下微动，若从望远镜内观察到该点始终沿竖丝移动，则条件满足，不用校正。否则，目标点偏离十字丝竖丝移动，说明十字丝竖丝不垂直于横轴，应进行校正。

2. 校正方法

卸下位于目镜一端的十字丝护盖，旋松四个固定螺钉，微微转动十字丝环，再次检验，重复校正，直至条件满足，然后拧紧固定螺钉，装上十字丝护盖。

三、视准轴的检验与校正

检验目的：使视准轴垂直于横轴，这样才能使视准面成为平面，为其成为铅垂面奠定基础。否则，视准面将成为锥面。

1. 检验方法

视准轴是物镜光心与十字丝交点的连线。仪器的物镜光心是固定的，而十字丝交点的位置是可以变动的。所以，视准轴是否垂直于横轴，取决于十字丝交点是否处于正确位置。当十字丝交点偏向一边时，视准轴横轴不垂直，形成视准轴误差。即视准轴横轴间的交角与90°的差值，称为视准轴误差，通常用 c 表示。如图 4-10 所示，在一平坦场地上，选择一直线 AB，长约 100m。经纬仪安置在 AB 的中点 O 上，在 A 点竖立一标志，在 B 点横置一根刻有毫米分划的小尺，并使其垂直于 AB。仪器以盘左精确瞄准 A 点的标志，倒转望远镜面瞄准横放于 B 点的小尺，并读取尺上读数 B_1。旋转照准部以盘右再次精确面准 A 点的标志，倒转望远镜瞄准横放于 B 点的小尺并读取尺上读数 B_2。如果 $B_1 \perp B_2$ 相等，表明视准轴垂直于横轴，否则应进行校正。

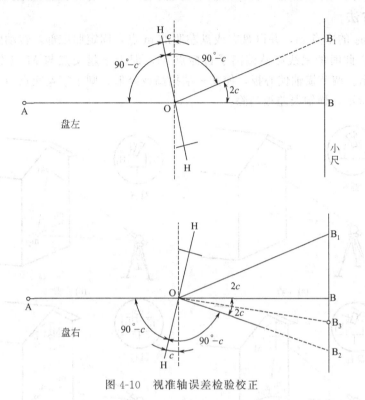

图 4-10　视准轴误差检验校正

2. 校正方法

由图 4-10 可以明显看出，由于视准轴误差 c 的存在，盘左瞄准 A 点到镜后视线偏离 AB 直线的角度为 $2c$，而盘右瞄准 A 点倒镜后视线偏离 AB 线的角度亦等于 $2c$，单偏离方向与盘左相反，因此 B_1 与 B_2 两个读数之差所对的角度为 $4c$。为了消除视准轴误差 c，只需在小尺上定出一点 B_3，该点与盘右读数 B_2 的距离为 $B_1B_2/4$。

四、横轴的检验与校正

检校目的：使横轴垂直于竖轴，这样，当仪器整平后竖轴铅垂、横轴水平、视准面为一个铅垂面，否则，视准面将成为倾斜面。

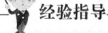
经验指导

光学经纬仪的横轴是密封的，一般仪器均能保证横轴垂直于竖轴的正确关系，若发现大的横轴误差，一般应送仪器检修部门校正。

1. 检验方法

在距离高墙 20～30m 处安置经纬仪，用盘左照准高处的一明显点 M（仰角宜在 30°左右），固定照准部，然后将望远镜大致放平，指挥另一人在墙上标出十字丝交点的位置，设

为 m_1，如图 4-11(a) 所示。

将仪器变换为盘右，再次照准目标 M 点，大致放平望远镜后，用同前的方法再次在墙上标出十字丝交点的位置，设为 m_2，如图 4-11(b) 所示。

如过两点 m_1、m_2 不重合，说明横轴不垂直于竖轴，即存在横轴误差，需要校正。

2. 校正方法

取 m_1 和 m_2 的中点 m，并以盘右或盘左照准 m 点，固定照准部，转动照准部，转动望远镜抬高物镜，此时的视线必然偏离了目标点 M，即十字丝交点与 M 点发生了偏移，如图 4-11(c) 所示。调节横轴偏心板，使其一端抬高或降低，则十字丝交点与 M 点即可重合，如图 4-11(d) 所示，横轴误差被消除。

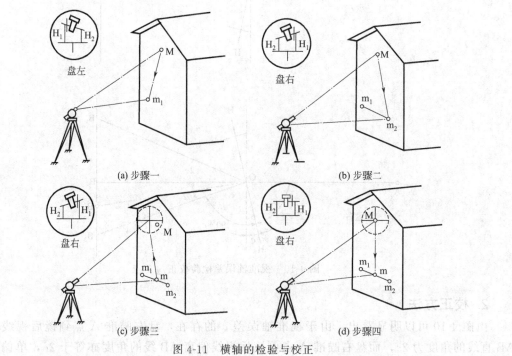

(a) 步骤一   (b) 步骤二

(c) 步骤三   (d) 步骤四

图 4-11 横轴的检验与校正

五、光学对中器的检验与校正

检校目的：使光学对中器的视准轴经棱镜折射后与仪器的竖轴重合，否则会产生对中误差。

 经验指导

光学对中器的校正螺钉随仪器类型而异，有些校正的是使视线转向的折射棱镜；有些校正的是分划板。

1. 检验方法

经纬仪严格整平后，在光学对中器下方的地面上放一张白纸，将对中器的刻画圈中心投绘在白纸上，设为 a_1 点；旋转照准部 180°，再次将对中器的刻画圈中心投绘在白纸上，设为 a_2 点；若 a_1 与 a_2 点两点重合，说明条件满足，不用校正；否则说明条件不满足，需要校正。

2. 校正方法

在白纸上定出 a_1 与 a_2 的连线中心 a，打开两支架脚的圆形护盖，转动光学对中器的校正螺钉，使对中器的刻画圈中心前后、左右移动，直至对中器的刻画圈中心与 a 点重合为止，此项校正亦需反复进行。

第四节　建筑工程角度测量操作

在了解了经纬仪的结构和它的基本操作方法之后，现在再来学习角度的观测方法。由于角度分为水平角和竖直角两种，现分别介绍其观测方法。

一、水平角的观测、记录与计算

根据要观测的方向数的多少，水平角观测可以采用测回法或全圆测回法进行。具体的测法可以依照表 4-1 的规定进行选择。

表 4-1　水平角测法的选择

方向数	适合的测法
2 个	测回法
3 个	测回法或全圆测回法
4 个及 4 个以上	全圆测回法

经验指导

当观测方向数多于 3 个时，要采用全圆测回法观测。全圆测回法观测是指在观测了起始方向并依次观测了其他所需观测的各个目标方向之后，再次观测起始方向的观测方法，又称为方向观测法。

有时，为了提高观测精度，可以采取多个测回观测，各测回值互差的绝对值按规范要求应小于 24″。

1. 测回法

（1）水平角的观测　如图 4-12 所示，O 点为欲观测角度的角顶点，OA 为水平角的起始方向（也称为后视方向），OB 为水平角的终止方向（也称为前视方向），现以测定水平角 $\angle AOB$ 为例，说明测回法观测水平角的操作步骤。

① 将经纬仪安置在 O 点（称为测站点），进行对中、整平。在目标 A、B 上分别安置垂球架或觇牌。

② 配置度盘读数为 $0°00'00''$，以盘左照准目标 A，读取后视读数 $\alpha_1=0°00'12''$；顺时针转动望远镜照准目标 B，读取前视读数 $b_1=52°55'30''$，则水平角 $\beta_1=\angle AOB=b_1-a_1=52°55'30''-0°00'12''=55°55'18''$，此称为上（或前）半测回。

③ 以盘右照准目标 B，读取后视读数 $b_2=230°56'54''$；再逆时针转动望远镜照准目标，读取前视读数 $a_2=180°00'24''$，则水平角 $\beta_2=\angle AOB=b_2-a_2=230°56'54''-180°00'24''=50°56'30''$，此称为下（或后）半测回。

④ 当上、下半测回角值 $|\beta_1-\beta_2|\leqslant 40''$ 时，可认为观测精度合格，取其平均值 $\beta=1/2\times(\beta_1+\beta_2)$ 作为观测结果，称为测回角值。

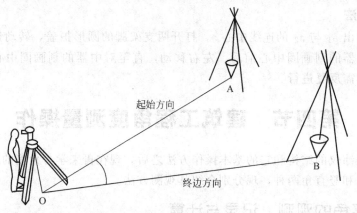

图 4-12 水平角的观测

（2）水平角观测数据的记录与计算 记录时，属于哪个方向的读数，就要对齐哪个目标点名称。计算半测回水平角值时，要以前视读数减后视读数，当不够减时，可先在前视读数上加 360° 之后再减后视读数。

2. 全圆测回法观测

（1）全圆测回法的观测方法 全圆测回法的观测方法如下。

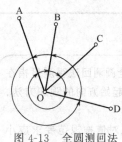

图 4-13 全圆测回法

① 如图 4-13 所示，O 点为测站点，A、B、C、D 为观测目标。首先安置经纬仪于 O 点，进行对中和整平。将望远镜调整为盘左位置，配置水平度盘读数为 $0°00'00''$（通常为略大于此值），照准目标 A（称为起始方向或零方向），读取水平度盘读数，记录于全圆测回法观测记录手簿中。

② 顺时针方向旋转照准部，依次照准观测目标 B、C、D 各点，分别进行读数、记录。

③ 为了校核，继续顺时针方向旋转照准部，再次照准起始目标 A（称为归零），进行读数、记录，此为上半测回。A 方向两次读数之差称为半测回归零差。

④ 纵转望远镜成为盘右位置，逆时针方向依次瞄准起始方向 A、B、C、D，最后再归零到 A 点，分别读数并记录，此为下半测回。

根据精度需要，有时要观测多个测回，各测回也应按与测回法中介绍的度盘配置值计算公式计算并配置度盘。

（2）全圆测回法的记录与计算

① 记录。记录要填写测站点名称、测回序号、观测目标点名称以及相应的度盘读数等，要求每个读数必须填写到对应的位置上，即横向对齐目标点、纵向对齐读数所属盘位栏。

② 计算。在记录手簿中，要计算盘左和盘右同一方向的 $2c$ 互差、平均读数、归零后方向值以及各测回归零后的方向值等项。

a. 计算 $2c$ 互差。$2c$ 互差，也称为 2 倍照准误差，是指由视准轴与横轴不垂直造成盘左、盘右照准同一目标的读数之差不等于 180° 的偏差，计算公式为

$$2c = 盘左读数 - （盘右读数 \pm 180°）$$

b. 平均读数。平均读数是指盘左、盘右照准同一目标两次读数的平均值，计算公式为

$$平均读数 = 1/2[盘左读数 + （盘右读数 \pm 180）]$$

c. 零方向的平均值。作为零方向，由于有初始读数和归零读数这两个读数，所以要取

这两个读数的平均值作为零方向的唯一读数。

d. 归零后的方向值。归零后的方向值是指在一个测回中，各方向的平均读数分别减去起始方向的平均值之后的方向值。

e. 各测回归零后的方向值。当进行了多个测回观测时，同一目标方向上就会得到多个测回方向值，这时要取它们的平均值作为各测回归零后的方向值。

二、竖直角的观测、记录与计算

1. 竖直角的观测

竖直角的观测方法也称为测回法，具体步骤如下。

① 安置经纬仪于测站点 O 上，进行对中和整平。

② 盘左照准观测目标 P。对于具有竖直度盘指标水准管的仪器，需要先调整水准管微动螺旋，使指标水准管气泡居中，然后通过读数显微镜读取竖直度盘读数 L；对于具有竖直度盘指标自动补偿设备的仪器，则可以直接读取竖直度盘读数 L，此为前（上）半测回。

③ 盘右照准观测目标 P，读取竖直度盘读数 R，完成后（下）半测回。

④ 当前、后半测回竖直角角值之差小于或等于限差时，取二者的平均值作为一个测回的观测结果。

2. 竖直角的记录和计算

（1）记录　记录时，要填写测站点名称、观测目标点名称、观测盘位，读数填写要对齐目标点所在行及竖盘读数所在列。

（2）计算　计算时，可参照以下公式计算：

$$\alpha_{左}=90°-L；\quad \alpha_{右}=R-270°$$

或
$$\alpha_{左}=L-90°；\quad \alpha_{右}=270°-R$$

式中　　R——竖直度盘读数；

　　　　L——通过读数显微镜读取的竖直度盘读数。

对于公式的判断要掌握一个原则，那就是：仰角为正、俯角为负。

第五节　角度测量误差产生的主要原因及对策

水平角观测的误差来源大致可归纳为三种类型：仪器误差、观测误差和外界条件的影响。

经验指导

　　　　　观测前应检验仪器，发现仪器有误差应立即进行校正，并在观测中采用盘左、盘右取平均值和用十字丝照准等方法，减小和消除仪器误差对观测结果的影响。

一、仪器误差

仪器误差可分为两个方面：一方面是仪器制造加工不完善而引起的误差，主要有度盘刻划不均匀误差、照准部偏心差（照准部旋转中心与度盘刻划中心不一致）和水平度盘偏心差（度盘旋转中心与度盘刻划中心不一致）。这一类误差一般都很小，并且大多数都可以在观测过程中采取相应的措施消除或减弱它们的影响。例如：通过观测多个测回，并在测回间变换度盘位置，使读数均匀地分布在度盘各个位置，以减小度盘分划误差的影响；水平度盘和照准部偏心差的影响可通过盘左、盘右观测取平均值消除。

另一方面是仪器检验校正后的残余误差。它主要是仪器的三轴误差（即视准轴误差、横轴误差和竖轴误差），其中，视准轴误差和横轴误差，均可通过盘左、盘右观测取平均值消除，而竖轴误差不能用正、倒镜观测消除。因此，在观测前除应认真检验、校正照准部水准管外，还应仔细地进行整平。

二、观测误差

1. 仪器对中误差

水平角观测时，由于仪器对中不精确，致使仪器中心没有对准测站点 O 而偏于 O′点，OO′之间的距离 e 称为测站点的偏心距，如图 4-14 所示。

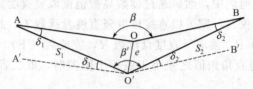

图 4-14　对中误差对水平角的影响

仪器在 O 点观测的水平角应为 β，而在 O′处测得角值为 β'，过 O′点作 O′A′∥OA，O′B′∥OB，则对中误差对水平角的影响为：

$$\Delta\beta=\beta-\beta_1=\delta_1+\delta_2$$

因偏心距 e 较小，故 δ_1 和 δ_2 为小角度，于是可近似地把 e 看作一段小圆弧。设 $O'A=S_1$，$O'B=S_2$，则有

$$\Delta\beta=\delta_1+\delta_2=(1/S_1+1/S_2)e\rho$$

从上式可看出，对中误差对水平角的影响与偏心距 e、偏心距 e 的方向、水平角大小以及测站的距离有关。因此边长较短或观测角接近 180°时，应特别对中。

经验指导

水平角观测时，应以十字丝交点附边的竖丝照准目标根部，竖直角观测时，应以十字丝交点的横丝照准目标顶部。

2. 目标偏心误差

因照准标志没有竖直，使照准部位和地面测站点不在同一铅垂线上，将产生照准点上的目标偏心误差。其影响与仪器对中误差的影响类同。即

$$\Delta\beta=\beta-\beta'=d_1/S_1\times\rho$$

从上式可看出，$\Delta\beta$ 与 d_1 成正比，与 S_1 成反比。因此，进行水平角观测时，应将观测标志竖直，并尽量照准目标底部；当边长较短时，更应特别注意精确照准。

3. 整平误差

因照准部水准管气泡不居中，将导致竖轴倾斜而引起的角度误差，该项误差不能通过正倒镜观测消除。竖轴倾斜对水平角的影响，和测站点到目标点的高差成正比。因此，在观测过程中，尤其是在山区作业时，应特别注意整平。

4. 照准误差

照准误差与人眼的分辨能力和望远镜放大率有关。一般认为，人眼的分辨率为 $60''$。若借助于放大率为 V 倍的望远镜，则分辨能力就可以提高 V 倍，故照准误差为 $60''/V$。DJ$_6$ 型经纬仪放大倍率一般为 28 倍，故照准误差大约为 $\pm 2.1''$。在观测过程中，若观测员操作不正确或视差没有消除，都会产生较大的照准误差。因此，观测时应仔细地做好调焦和照准工作。

5. 读数误差

读数误差与读数设备、照明情况和观测员的经验有关，其中主要取决于读数设备。DJ$_6$ 型经纬仪一般只能估读到 $\pm 6''$，如照明条件不好，操作不熟练或读数不仔细，读数误差可能超过 $\pm 6''$。

三、外界条件影响

角度观测是在自然界中进行的，自然界中各种因素都会对观测的精度产生影响。例如，地面不坚实或刮风会使仪器不稳定；大气能见度的好坏和光线的强弱会影响照准和读数；温度变化使仪器各轴线几何关系发生变化等。要完全消除这些影响是不可能的，只能采取一些措施，如选择成像清晰、稳定的天气条件和时间段观测，观测中给仪器打伞避免阳光对仪器直接照射等，以减弱外界不利因素的影响。

四、角度观测注意事项

角度观测的注意事项如下。

① 安置仪器要稳定，脚架应踩踏，对中整平应仔细，短边时应特别注意对中，在地形起伏较大的地区观测时应严格整平。

② 目标处的标杆应垂直，并根据目标的远近选择不同粗细的标杆。

③ 观测时应严格遵守各项操作规定。

④ 各项误差值应在规定的限差以内，超限必须重测。

⑤ 读数应准确，观测时应及时记录和计算

第六节　其他经纬仪介绍

目前激光经纬仪、电子经纬仪、全站仪（亦称电子速测仪）、激光铅直仪、电子水准仪等新仪器在施工测量中已得到普遍的应用。新仪器的使用不仅提高了观测的精度，确保工程质量，而且也提高了观测的速度，改善了工作条件和环境，减轻了劳动强度。

一、电子经纬仪的电子测角原理

知识小贴士

电子测角原理。 电子测角就是将原来的角度值转换成数码，再在显示器上显示出来。目前所采用的测角方法因所用的电子元件不同而不同，大致有增量法、编码法和格区式几种。无论哪种方法，测角精度只能测出 $1'$ 的角度值，要得到更精确的角度数值，还得进行电子测微。

1. 光栅度盘测角原理

光栅是具有刻成条纹和间隔都相等且为 d 的光学器件，d 称为栅距。当两个光栅以 θ 角互相重叠时即产生一种称为"莫尔"的水花纹,莫尔条纹的宽度为ω,ω又称为纹距,如图 4-15(a) 所示。当d一定时,ω的宽度取决于θ角的大小,在设计时可以使ω>θ,当两片光栅相对平移一个栅距d时,则莫尔条纹会在光栅移动的垂直方向上平移一个条纹宽度ω。

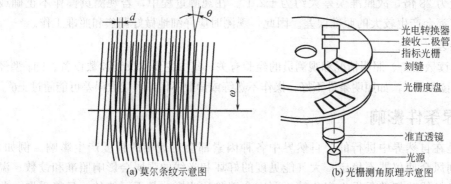

(a) 莫尔条纹示意图　　　　(b) 光栅测角原理示意图

图 4-15　莫尔条纹及光栅测角原理

莫尔条纹有如下特点。

① 两光栅之间的倾角越小,纹距ω越宽,则相邻明条纹或暗条纹之间的距离越大。

② 在垂直于光栅的平面方向上,条纹亮度按正弦规律周期性变化。

③ 当光栅在垂直于刻线的方向上移动时,条纹顺着刻线方向移动。

④ 纹距ω与栅距d之间应满足如下关系:

$$\omega = d\rho'/\theta$$

式中　ρ'——3438';

　　　θ——两光栅之间的倾角。

例如,当$\theta = 20'$时,纹距$=160d$,即纹距比栅距放大了160倍。这样,就可以对纹距进一步细分,以达到提高测角精度的目的。

在直径为80mm的度盘上径向刻有光栅,如图 4-15(b) 所示。另外在读数指标也刻有同样栅距的光栅,称为指标光栅,如图 4-15(b) 所示。通过光学系统将两光栅重叠在一起,并使两个光栅略有偏心。当指标光栅随着望远镜转动时,使莫尔条纹在径向上移动。这种移动使得在某一点上接收到的莫尔条纹呈正弦曲线变化,它的一个周期即为一个莫尔条纹的宽度ω。分析光栅转动一个栅距d,则会有一个条纹宽度w。在度盘下方有一个光源,通过准直透镜,射入度盘的径向光栅和指标光栅,由上部的光敏二极管接收,最后由光电转换器转换、放大、整形,再记数,就得到一个相应的角度值。光栅度盘的测角是在相对运动中读出角度的变化量,因此这种测角方式属于"增量法"测角。

2. 编码度盘测角原理

编码度盘类似于普通光学度盘的玻璃码盘,在此平面上分若干宽度相等的同心圆环,而每一圆环又被刻成若干等长的透光区和不透光区,称为编码度盘的"码道"。每条码道代表一个二进制的数位,由里到外,位数由高到低(图 4-16)。在码道数目一定的条件下,整个编码度盘可以分成数目一定、面积相等的扇形区,称为编码度盘的码

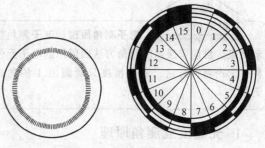

图 4-16　光栅和编码度盘

区。处于同一码区内的各码道的透光区和不透光区的一列组成编码度盘的编码，这一区所显示的角度范围称为编码度盘的角度分辨率。

为了读取各码区的编码数，需要在编码度盘的码道一侧设置光源（通常为半导体二极管）。而在对应的码盘另一侧设置光电探测器（通常为光敏二极管），每一探测器对应一个光源。码盘上的发光二极管和光敏二极管组成测角的读定标志。把码盘上的透光和不透光，由光电二极管转换成电信号，以透光为"1"，不透光为"0"。这样码盘上的每一格就对应一个二进制，经过译码成为十进制，从而能显示一个度盘上方位或角度值。因此，编码度盘的测角方式为"绝对法"测角。

3. 格区式度盘测角原理

将度盘分为 1024 个分划，每个分划间隔包括一个空隙和一条刻线（透光与不透光），其分划值为 ϕ_0，测角时度盘以一定速度旋转，所以称动态测角。度盘上装有两个指示光栏，L_s 为固定光栏，L_r 为可动光栏，可动光栏随照准部转动。两光栏分别安装在度盘的外缘。测角时可动光栏 L_r 随照准部旋转，L_s 和 L_r 之间构成一定的角度 Φ。度盘在电动机的带动下以一定的速度旋转，其分划被光栏 L_s 和 L_r 扫描并计取两光栏之间的分划数，从而得到角度值。图 4-17 所示为格区式度盘测角原理图。

测量角度，首先要测出各方向的方向值，有了方向值，角度也就可以得到。方向值表现为 L_s 与 L_r 间的夹角 Φ。

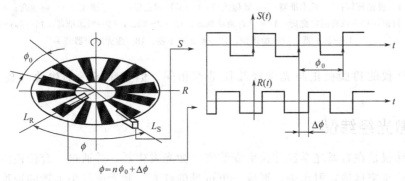

图 4-17　格区式度盘测角原理图

二、电子经纬仪的特点

电子经纬仪（图 4-18）是集光学、机械、电子为一体的新型测量仪器。它的主要特点如下。

① 采用电子测角的方法进行角度测量，其角度值在屏幕上用液晶显示，直接读数，免去光学经纬仪读数的过程，提高了读数精度。而且是盘左盘右两面均可读数，使用十分方便。度数的显示可到 $1''$ 或 $0.1''$。

② 角度的模式有普通角度制、密位制和新度制三种形式，可任意选择。密位制是一圆周等于 6400 密位，多用于军事上。新度制是一圆周等于 400 新度，一新度等于 100 新分，一新分等于 100 新秒，新度、新分、新秒记作"g"、"c"、"cc"，写在数字的右上角，如 $361^g86^c32^{cc}$。水平度盘可以在任何位置"置 0"，度盘的刻度方向可以是顺时针，也可以是逆时针，对角度测量是"顺拨"或是"反拨"都比较方便。

③ 竖直角的观测有自动补偿设备，可以使望远镜水平时的读数为"0"来观测竖直角，

也可以使望远镜在垂直向上的读数为"0"来观测天顶距。天顶距是在垂直面内，以垂线的上端（天顶）为准，向下至一条直线所构成的夹角。竖直角可以是以角度的形式或以百分数的坡度形式显示。

④ 竖轴在 x、y 两个方向有补偿装置，如果竖轴稍有倾斜，仪器可自动进行纠正。

⑤ 有的电子经纬仪安装有激光发生器，在需要时可发出一束与视准轴同轴的红色可见激光，便于夜间或隧道内进行观测，并用一束激光代替光学对中器，使对中更加准确方便。

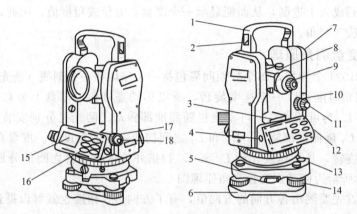

图 4-18　DJD2-2GJ 型激光电子经纬仪

1—提把；2—提把螺钉；3—长水准器；4—通信接口；5—基座固定钮；6—三脚架；7—电池盒；8—激光器；
9—目镜；10—垂直固定螺旋；11—垂直微动螺旋；12—RS-232c；13—圆水准器；14—脚螺旋；
15—显示器；16—操作键；17—激光对中器；18—激光对中器开关

电子经纬仪的检验校正与光学经纬仪基本相同，但竖盘指标的检验与校正则是自动进行。

三、激光经纬仪

激光经纬仪是在普通光学经纬仪上安装氦氖激光发生器，并通过一套棱镜组和聚光透镜转向与聚焦后从望远镜发射出去，形成一束可见的红光。激光束与望远镜的视准轴是同轴且同焦距，即十字丝瞄准某一点位看到点子清楚时，激光束也是照准该点而激光斑也达到最小最亮。激光电源是用一个电池盒，它安装在望远镜的上方，盒内装 4 节五号碱性电池，可供其连续工作 12h 左右。

激光经纬仪的检验校正与光学经纬仪相同，但它多一项激光束与视准轴的校正。如果激光束与视准轴不同轴，在电池盒的下方有 4 颗校正螺钉，前后左右校正这 4 颗螺钉，即可将激光束校正至与视准轴同轴。

知识小贴士

激光经纬仪。激光经纬仪用于夜间和地下观测。激光束白天在 200m 内可见，夜晚在 500～800m 可见。激光斑最大时直径为 5mm。

第五章

距离测量与直线定向

第一节　卷尺测量距离

一、丈量工具

1. 钢尺

钢尺又称为钢卷尺，是足钢制成的带状尺，尺的宽度为 $10 \sim 15mm$，厚度约 $0.4mm$，长度有 20m、30m、50m 等数种。钢尺可以以卷放在圆形的尺壳内，也有的卷放在金属尺架上（图 5-1）。

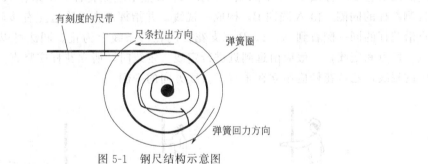

图 5-1　钢尺结构示意图

钢尺的基本分划为厘米，每厘米及每米处刻有数字注记，全长或尺端刻有毫米分划（图 5-2）。按尺的零点刻画位置，钢尺可分为端点尺和刻线尺两种，钢尺的尺环外缘作为尺子零点的称为端点尺，尺子零点位于钢尺尺身上的称为刻线尺。

图 5-2　钢尺及其划分

2. 皮尺

皮尺是用麻线或加入金属丝织成的带状尺，长度有 20m、30m、50m 等数种。亦可卷放在圆形的尺壳内，尺上基本分划为厘米。皮尺携带和使用都很方便，但是容易伸缩，量距精度低，一般用于低精度的地形的细部测量和土方工程的施工放样等。

3. 花杆和测钎

花杆又称为标杆，是由直径 3～4cm 的圆木杆制成，杆上按 20cm 间隔涂有红、白油漆，杆底部装有锥形铁脚，用来标点和定线，常用的有长 2m 和 3m 两种（图 5-3），也有金属制成的花杆，有的为节数，用时可通过螺旋连接，携带较方便。

(a) 花杆　(b) 测钎

图 5-3　花杆和测钎

测钎用粗铁丝做成，长 30～40cm，按每组 6 根或 11 根套在一个大环上，测钎主要用来标定尺段端点的位置和计算所丈量的尺段数。

在距离丈量的附属工具中还有垂球，它主要用于对点、标点和投点。

二、直线定线

在距离丈量中，当地面上两点之间距离较远，不能用一尺段量完，这时，就需要在两点所确定的直线方向上标定若干中间点，并使这些中间点位于同一直线上，这项工作称为直线定线。根据丈量的精度要求可用标杆目测定线和经纬仪定位。

1. 测定线

（1）两点间通视时花杆目测定线　如图 5-4 所示，设 A、B 两点互相通视，要在 A、B 两点间的直线上标出 1、2 中间点。先在 A、B 点上竖立花杆，甲站在 A 点花杆后约 1m 处，目测花杆的同侧，由 A 瞄向 B，构成一视线，并指挥乙在 1 附近左右移动花杆，直到甲从 A 点沿花杆的同一侧看到 A、1、B 三支花杆同在一条线上为止。同法可以定出直线上的其他点。两点间定线，一般应由远到近进行定线。定线时，所立花杆应竖直。此外，为了不挡住甲的视线，乙持花杆应站立在垂直于直线方向的一侧。

图 5-4　两点间通视时花杆目测定线

（2）两点间不通视花杆目测定线　如图 5-5 所示，A、B 两点互不通视，这时可以采用逐渐趋近法定直线。先在 A、B 两点竖立花杆，甲、乙两人各持花杆分别站在 C 和 D 处，甲要站在可以看到 B 点处，乙要站在可以看到 A 点处。先由站在 C 的甲指挥乙移动至 BC_1 直线上的 D_1 处，然后由站在 D_1 处的乙指挥甲移动至 AD_1 直线上的 C_2 处，接着再由站在 C_2 处的甲指挥乙移动至 D_2 处，纸样逐渐趋近，直到 C、D、B 三点在同一直线上，则说明 A、C、D、B 在同一直线上。

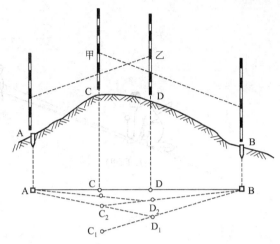

图 5-5 两点间不通视时花杆目测定线

2. 经纬仪定线

精确丈量时，为保证丈量的精度，需用经纬仪定线。

三、距离丈量

用钢尺或皮尺进行距离丈量的方法基本上是相同的，以下介绍用钢尺进行距离丈量的方法。钢尺量距一般要三个人，分别担任前尺手、后尺手和记录员的工作。

> **知识小贴士**
>
> 钢尺的维护。钢尺易生锈，工作结束后，应用软布擦去尺上的泥和水，涂上机油，以防生锈；钢尺易折断，如果钢尺出现弯曲，切不可用力硬拉；在行人和车辆多的地区量距时，中间要有专人保护，严防尺子被车辆压过而折断；收卷钢尺时，应按顺时针方向转动钢尺摇柄，切不可逆转，以免折断钢尺。

1. 平坦地面的丈量方法

如图 5-6 所示，丈量前，先进行花杆定线，丈量时，后尺手甲拿着钢尺的末端在起点 A，前尺手乙拿钢尺的零点一端沿直线方向前进，将钢尺通过定线时的中间点，保证钢尺在 A、B 直线上，不使钢尺扭曲，将尺子抖直，拉紧（30m 钢尺用 100N 拉力，50m 钢尺用 150N 拉力），拉平。甲、乙拉紧钢尺后，甲把尺的末端分划对准起点 A 并喊"预备"，当尺拉稳、拉平后喊"好"，乙在听到甲所喊出的"好"的同时，把测钎对准钢尺零点刻画垂直地插入地面，这样就完成了第一整尺段的丈量。甲、乙两人抬尺前进，甲到达测钎或画记号处停住，重复上述操作，量完第二整尺段。最后丈量不足一整尺段时，乙将尺的零点刻画对准 B 点，甲在钢尺上读取不足一整尺段值，则 A、B 两点间的水平距离为：

$$D_{AB} = n \times l + q$$

式中　n——整尺段数；

　　　l——整尺段长；

　　　q——不足一整尺段值。

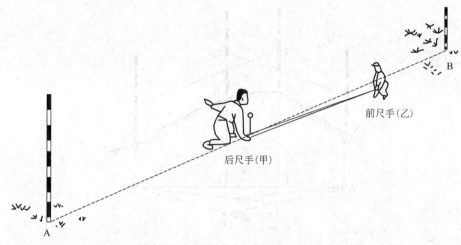

图 5-6　平坦地面的距离丈量

2. 斜地面的丈量方法

（1）平量法　如图 5-6 所示，当地面坡度不大时，可将钢尺抬平丈量。欲丈量 AB 间的

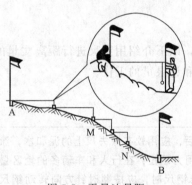

距离，将尺的零点对准 A 点，将尺抬高，并由记录者目估使尺拉水平，然后用垂球将尺的末端投于地面上，再插以测钎。若地面倾斜度较大，将整尺段拉平有困难时，可将一尺段分成几段来平量，如图 5-7 中的 MN 段。

（2）斜量法　如图 5-7 所示，当地面倾斜的坡面均匀时，可以沿斜坡量出 AB 的斜距 L，测出 AB 两点的高差 h，或测出倾斜角 α，然后算的水平距离 D。

图 5-7　平量法量距

$$D = L \times \cos\alpha$$

四、钢尺丈量的精密方法

1. 丈量方法

直线丈量精度较高时，需采用精密丈量方法。丈量方法与一般方法相同，需要注意以下几点。

① 必须采用经纬仪定线，且在分点上定木桩，桩高出地面 2～4cm，再用经纬仪在木桩桩顶精确定线。

② 丈量两个相邻点间的倾斜长度，测量其高差。每尺段要用不同的尺位读取三次读数，三次算出的尺段长度其较差如不超过 2～3mm，取其平均值作为丈量结果。每量一个尺段，均要测量温度，温度值按要求读至 0.5℃或 1℃。同法丈量各尺段长度，当往测完毕后，再进行返测。

③ 量距精度为 1/40000 时，高差较差不应超过±5mm；量距精度为 1/10000～1/20000 时，高差较差不应超过±10mm。若符合要求，取其平均值作为观测结果。

2. 成果整理精密测量时需要考虑温度、拉力等因素

（1）尺长方程式　为了改正量取的名义长度，获得实际距离，故需要对使用的钢尺进行

检定。通过检定，求出钢尺在标准拉力（30m 钢尺为 100N）、标准温度（通常为 20℃）下的实际长度，给出标准拉力下尺长随温度变化的函数关系式，这种关系式称尺长方程式

$$l_t = l_0 + \Delta l_0 + \alpha(t - t_0)l_0$$

式中 l_t——钢尺在标准拉力 F 下，温度为 t 时的实际长度；

l_0——钢尺的名义长度；

Δl_0——在标准拉力、标准温度下钢尺名义长度的改正数，等于实际长度减去名义长度；

α——钢尺的线膨胀系数，即温度变化 1℃，单位钢尺长度的变化量；

t——量距时的钢尺温度，℃；

l_0——标准温度，通常为 20℃。

（2）各尺段平距的计算 精密量距中，每一实测的尺段长度，都需要进行尺长改正、温度改正、倾斜改正，以求出改正后的尺段平距。

各尺段的水平距离求和，即为总距离。往、返总距离算出后，按相对误差评定精度。当精度符合要求时，取往、返测量的平均值作为距离丈量的最后结果。

五、钢尺量距的误差分析

钢尺量距的误差分析如下。

（1）定线误差 分段丈量时，距离也应为直线，定线偏差使其成为折线，与钢尺不水平的误差性质一样，使距离量长了。前者是水平面内的偏斜，而后者是竖直面内的偏斜。

（2）尺长误差 钢尺必须经过检定以求得其尺长改正数。尺长误差具有系统积累性，它与所量距离成正比。精密量距时，钢尺虽经检定并在丈量结果中进行了尺长改正，其成果中仍存在尺长误差，因为一般尺长检定方法只能达到 0.5mm 左右的精度。在一般量距时可不作尺长改正。

（3）温度误差 由于用温度计测量温度，测定的是空气的温度，而不是钢尺本身的温度。在夏季阳光暴晒下，此两者温度之差可大于 5℃。因此，钢尺量距宜在阴天进行，并要设法测定钢尺本身的温度。

（4）拉力误差 钢尺具有弹性，会因受拉力而伸长。量距时，如果拉力不等于标准拉力，钢尺的长度就会产生变化。精密量距时，用弹簧秤控制标准拉力，一般量距时拉力要均匀，不要或大或小。

（5）尺子不水平的误差 钢尺量距时，如果钢尺不水平，总是使所量距离偏大。精密量距时，测出尺段两端点的高差，进行倾斜改正。常用普通水准测量的方法测量两点的高差。

（6）钢尺垂曲和反曲的误差 钢尺悬空丈量时，中间下垂，称为垂曲。故在钢尺检定时，应按悬空与水平两种情况分别检定，得出相应的尺长方程式，按实际情况采用相应的尺长方程式进行成果整理，这项误差在实际作业中可以不计。

在凹凸不平的地面量距时，凸起部分将使钢尺产生上凸现象，称为反曲。如在尺段中部凸起 0.5m，由此而产生的距离误差，这是不能允许的，应将钢尺拉平丈量。

（7）丈量本身的误差 它包括钢尺刻划对点的误差、插测钎的误差及钢尺读数误差等。这些误差是由人的感官能力所限而产生，误差有正有负，在丈量结果中可以互相抵消一部分，但仍是量距工作的一项主要误差来源。

第二节 视距测量距离

一、水平视线下的视距测量

水平视线下进行视距测量的方法按照使用仪器的不同可分为水准仪视距测量和经纬仪视距测量。

> **知识小贴士**
>
> 视距测量。视距测量是使用水准仪或经纬仪配合水准尺进行距离测量的一种测距方法，其优点是操作比较简单、观测速度较快，而且具有一定的精度。利用经纬仪还可以通过测定竖直角间接测定水平距离和高差。这种方法一般用于地形测图中或仅需要得到距离而对精度要求并不很高的情况。

1. 水准仪视距测量

如图 5-8 所示，欲测定 AB 两点间的水平距离 D_{AB}，首先将水准仪安置于 A 点（或 B 点）上进行大致对中和整平，在另一点上铅垂竖立一根水准尺。旋转望远镜概略照准水准尺，进行对光并消除视差，精密整平望远镜使视线水平。以望远镜十字丝的上丝和下丝在水准尺上读取相应的读数 m、n，则 AB 两点间的水平距离 D_{AB} 为

$$D_{AB}KL = K(m-n)$$

式中　K——视距常数，一般取 $K=100$；

　　　L——上、下丝读数 m、n 的差值（取绝对值），称为视距间隔。

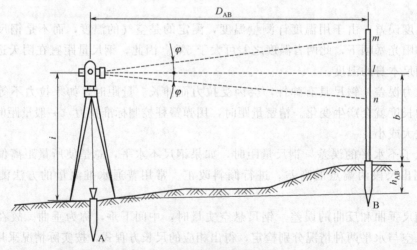

图 5-8　水平视线下的视距测量

2. 经纬仪视距测量

经纬仪视距测量的关键在于调整望远镜使视线达到水平状态。欲测定 AB 两点间的水平距离 D_{AB}，先将经纬仪安置于 A 点（或 B 点）上进行对中和整平，在另一点上铅垂竖立一根水准尺，旋转照准部及望远镜概略照准水准尺（使视线大致水平）。进行对光并消除视差

后，利用水平微动螺旋精确照准水准尺（使纵丝平分水准尺），调整竖盘水准管微动螺旋使水准管气泡居中（即竖盘指标归零），旋转测微轮使测微尺读数为 $0'00''$，再调整竖直微动螺旋使望远镜上下微动达到竖盘读数为 $90°$ 或 $270°$，此时望远镜视线水平。剩余操作与水准仪视距测量步骤相同，即通过望远镜十字丝的上丝和下丝在水准尺上读取读数，以公式计算出两点间的水平距离 D_{AB}。

二、倾斜视线下的视距测量

倾斜视线下的视距测量就只有使用经纬仪的方法了。在进行视距测量时，基本方法与水平视线下的经纬仪视距测量方法大体相同，所不同的是：在照准水准尺后除了读取上丝和下丝读数以外，还要按照竖直角测量的方法读取竖直度盘读数，求出竖直角 α。由于经纬仪视线倾斜，它与水准尺尺面不垂直，所以视线水平时的视距公式不能直接应用，需要进行修正。

如图 5-9 所示，将倾斜视线在水准尺上的视距间隔 l 化为垂直于水准尺视线的视距间隔 l'，并以此计算斜距 D'。

$$l' = l \times \cos\alpha \qquad D' = Kl' = kl \times \cos\alpha$$

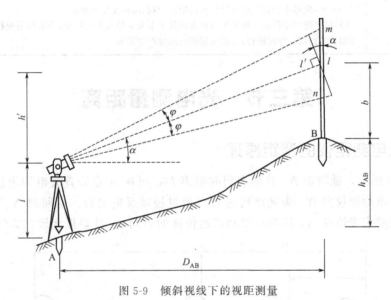

图 5-9　倾斜视线下的视距测量

将斜距 D' 化为平距 D，即

$$D = D' \times \cos\alpha \qquad D = kl \times \cos^2\alpha$$

推算高差 h。在视距测量读取上丝、下丝读数及竖盘读数的同时，还要读取中丝读数 b，并量出仪器的高度 i。则 AB 两点间的高差 h_{AB} 计算如下。

视线水平时 $\qquad\qquad\qquad h_{AB} = i - b$

视线倾斜时 $\qquad\qquad\qquad h_{AB} = h' + i - b$

其中 $\qquad\qquad\qquad h' = D' \times \sin\alpha = KL \times \sin\alpha \times \cos\alpha$

式中　h'——仪器横轴中心点与水准尺上中丝对准刻划点之间的高差；

$\qquad b$——中丝读数；

$\qquad i$——仪器高度。

三、视距测量的误差

视距测量的误差分析见表 5-1。

表 5-1　视距测量的误差

误差类型	主要内容
用视距丝读取尺间隔的误差	视距丝的读数是影响视距精度的重要因素,视距丝的读数误差与尺子最小分划的宽度、视距的远近、成像清晰情况有关。在视距测量中一般根据测量精度要求限制最远视距
标尺倾斜误差	视距计算的公式是在视距尺严格垂直的条件下得到的。如果视距尺发生倾斜,将给测量带来不可忽视的误差影响,故测量时立尺要尽量竖直。在山区作业时,由于地表有坡度而给人以一种错觉,使视距尺不易竖直,因此,应采用带有水准器装置的视距尺
视距常数的误差	通常认定视距常数 $K=100$,但由于视距丝间隔有误差,视距尺系统性刻划误差,以及仪器检定的各种因素影响,都会使 K 值不为 100。K 值一旦确定,误差对视距的影响是系统性的
外界条件的影响	(1)大气竖直折光的影响。大气密度分布不均匀,特别在晴天接近地面部分密度变化更大,使视线弯曲,给视距测量带来误差。根据经验,只有在视线离地面超过 1m 时,折光影响才比较小 (2)空气对流使视距尺的成像不稳定。此现象在晴天,视线通过水面上空和视线离地表太近时较为突出,成像不稳定造成读数误差的增大,对视距精度影响很大 (3)风力使尺子抖动。如果风力较大使尺子不易立稳而发生抖动,分别用两根视距丝读数有不可能严格在同一时候进行,所以对视距间隔将产生影响

第三节　光电测量距离

一、光电测距仪的测距原理

如图 5-10 所示,欲测定 A、B 两点间的距离 D,可在 A 点安置光电测距仪,B 点设置反射棱镜。光电测距仪发出一束光波到达 B 点经过棱镜反射之后,返回到 A 点被光电测距仪接收。通过测定光波在 A、B 两点之间往返传播的时间 t,并根据光波在大气中的传播速

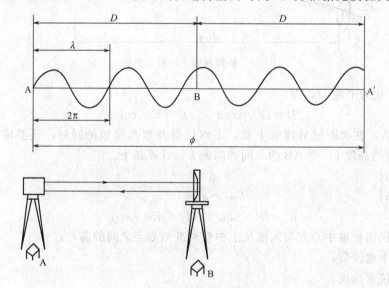

图 5-10　光电测距仪的测距原理

度 c，可计算得出距离 $D=1/2ct$。

光电测距仪按照测定时间 t 的方式，分为直接测定时间的脉冲测距法和间接测定时间的相位测距法。脉冲测距法采用电子脉冲计数的方式测定时间，但精度相对较低，不能满足工程测量的精度要求，因此高精度的测距仪，一般是采用相位式。

相位式光电测距仪的测距原理是：由光源发出的光通过调制器后，变成光强随着高频信号而变化的调制光，通过测量调制光在待测距离上往返传播的相位差来计算距离。为了方便说明，在图 5-10 中将从 B 点返回 A 点的光波沿测线方向展开绘制出来到 A′。假设调制光的波长为 λ，其光强变化一个周期的相位移为在往返距离间的相位移为 ϕ，则波的周期数为 $\phi/(2\pi)$，它一定包含整波个数 N 和不足一个整波的零波数 ΔN，因此可以得出：$D=\lambda/2(N+\Delta N)$。

相位法测距相当于采用"光尺"代替钢尺量距，而将 $\lambda/2$ 作为光尺长度。在相位式测距仪中，相位计只能测出相位移的尾数，而不能测出其整周期数 N，因此对于大于光尺的距离就不可测定。这就需要选择较长的光尺（大于所要测量的距离），以扩大测程。

经验指导

为了解决既能扩大测程，又能保证精度的问题，在光电测距仪上一般是采用两个不同固定波长的调制波，即两把光尺：一把是精测尺，作为短尺；另一把是粗测尺，作为长尺。光波经过传播到达反射棱镜后反射回来被测距仪接收，通过相位计分别测定出整个传播过程中长尺的相位移尾数作为 N 以及短尺的相位移尾数，加以自动组合处理后再在显示屏上显示出来，这就是所测距离的结果。

二、光电测距仪的使用方法

使用光电测距仪测距时，需要将测距仪和反射棱镜分别安置在距离段两端点（对中和整平），然后使测距仪照准反射棱镜，打开电源，按动测距按钮，仪器会自动进行多次观测并取中显示。需要时，还可以输入气压、温度等气象参数，进行距离改正；若视线倾斜时，还可以输入竖直角，将斜距改算为水平距离。

由于各种测距仪的结构形式有所不同，所以操作方法也会有所不同，具体的测距操作方法应参照仪器生产厂家提供的使用说明书进行。

三、光电测距时的注意事项

光电测距时的注意事项如下。

① 气象条件对光电测距的结果影响较大，应在成像清晰和气象条件良好时进行，阴天而有微风是观测的最佳条件；在气温较低时作业，应对测距仪进行提前预热，使其各电子部件达到正常稳定的工作状态时再开始测距，读数应在信号指示器处于最佳信号范围内时进行。

② 测线应尽量离开地面障碍物 1.3m 以上，避免通过发热体和较宽水域的上空，视线倾角不宜过大。

③ 测线应避开强电磁场干扰的地方，例如测线不宜接近变压器、高压线等。

④ 测站和镜站的周围不应有反光镜和其他强光源等，以免产生干扰信号。

⑤ 严防阳光及其他强光直射接收物镜，以免光线经镜头聚焦进入机内，将部分元件烧

坏，阳光下作业应打伞保护仪器。

⑥ 运输中避免撞击和振动，迁站时要停机断电。

第四节　直线定向

一、标准方向线

标准方向线的种类和具体内容见表 5-2。

表 5-2　标准方向线

种类	主要内容
真子午线方向	通过地面上一点并指向地球南北极的方向线，称为该点的真子午线方向。真子午线方向是用天文测量方法测定的。指向北极星的方向可近似地作为真子午线的方向
磁子午线方向	通过地面上一点的磁针，在向由静止时其轴线所指的方向(磁南北方向)，称为磁子午线方向。磁子午线方向可用罗盘仪测定。 由于地磁两极与地球两极不重合，致使磁子午线与真子午线之间形成一个夹角 δ 称为磁偏角。磁子午线北端偏于真子午线以东为东偏，δ 为正；以西为西偏，δ 为负
坐标纵横方向	测量中常以通过测区坐标原点的坐标纵轴为准，测区内通过任一点与坐标纵轴平行的方向线，称为该点的坐标纵轴方向。 　真子午线与坐标纵横轴见的夹角 γ 称为子午线收敛角。坐标纵轴北端在真子午线移动为东偏，γ 为"＋"；以西为西偏，γ 为"－"。 　图 5-11 所示为三种标准方向间关系的一种情况，δ_m 为磁针对坐标纵轴的偏角 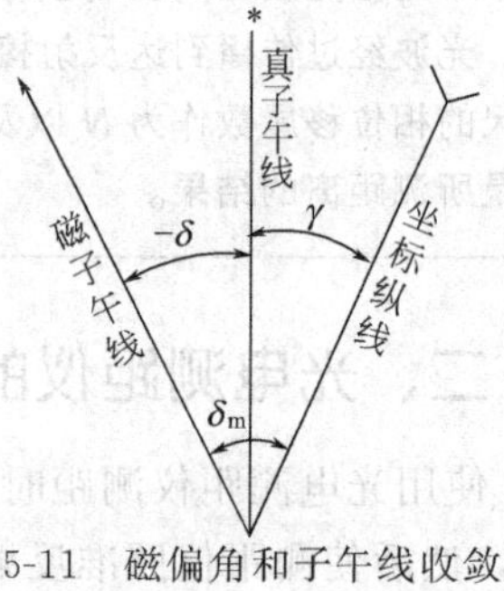 图 5-11　磁偏角和子午线收敛角

知识小贴士　　直线定向。在测量工作中常常需要确定两点平面位置的相对关系，此时仅仅测得两点间的距离是不够的，还需要知道这条直线的方向，才能确定两点间的相对位置，在测量工作中，一条直线的方向是根据某一标准方向线来确定的，确定直线与标准方向线之间的夹角关系的工作称为直线定向。

二、方位角

由标准方向的北端起，按顺时针方向量到某直线的水平角，称为该直线的方位角，角值范围为 0°～360°。由于采用的标准方向不同，直线的方位角有表 5-3 所示的三种。

表 5-3　方位角的种类及内容

种类	内容
真方位角	从真子午线方向的北端起，按顺时针方向量至某直线间的水平角，称为该直线的真方位角，用 A 表示

续表

种类	内容
磁方位角	从磁子午线方向的北端起,按顺时针方向量至某直线间的水平角,称为该直线的磁方位角,用 A_m 表示
坐标方位角	从平行于坐标纵轴的方向线的北端起,按顺时针方向量至某直线的水平角,称为该直线的坐标方位角,以 α 表示,通常简称为方向角

三、用罗盘仪测定磁方位角

当测区内没有国家控制点可用,需要在小范围内建立假定坐标系的平面控制网时,可用罗盘仪测量磁方位角,作为该控制网起始边的坐标方位角。将过起始点的磁子午线作为坐标纵轴线,下面简单介绍罗盘仪的构造和使用方法。

1. 罗盘仪的构造

罗盘仪是测量直线磁方位角的仪器,如图 5-12 所示。仪器构造简单,使用方便,但精度不高,外界环境对仪器的影响较大,如钢铁建筑和高压电线都会影响其精度。

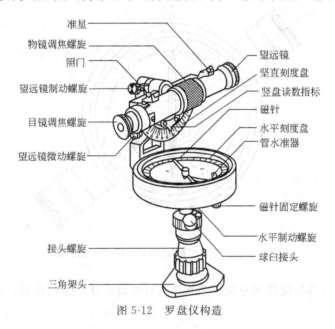

图 5-12　罗盘仪构造

罗盘仪的主要部件有磁针、刻度盘、望远镜和基座,具体见表 5-4。

表 5-4　罗盘仪的主要部件

部件名称	主要内容
磁针	磁针用人造磁铁制成,磁针在度盘中心的顶针尖上可自由转动。为了减轻顶针尖的磨损,在不用时,可用位于底部的固定螺旋升高杠杆,将磁针固定在玻璃盖上
刻度盘	用钢或铝制成的圆环,随望远镜一起转动,每隔 10°有一注记,按逆时针方向从 0°注记到 360°,最小分划为 1°或 30′。刻度盘内装有一个圆水准器或两个相互垂直的管水准器,用手控制气泡居中,使罗盘仪水平
望远镜	与经纬仪的望远镜结构基本相似,也有物镜对光、目镜对光螺旋和十字丝分划板等,其望远镜的视准轴与刻度盘的 0°分划线共面,如图 5-12 所示

部件名称	主要内容
基座	采用球臼结构,松开球臼接头螺旋,可摆动刻度盘,使水准气泡居中,度盘处于水平位置,然后拧紧接头螺旋

2. 用罗盘仪测定直线磁方位角的方法

欲测直线的磁方位角,将罗盘仪安置在直线起点 A,挂上垂球对中,松开球臼接头螺旋,用手前、后、左、右转动刻度盘,使水准器气泡居中,拧紧球臼接头螺旋,使仪器处于对中和整平状态。松开磁针固定螺旋,让它自由转动,然后转动罗盘,用望远镜照准 B 点标志,待磁针静止后,按磁针北端(一般为黑色一端)所指的度盘分划值读数,即为边的磁方位角角值,如图 5-13 所示。

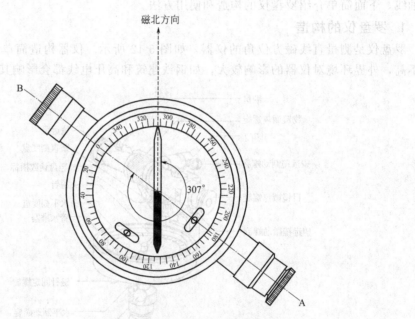

图 5-13　用罗盘仪测定直线磁方位角的原理

使用时,要避开高压电线和避免铁质物体接近罗盘,在测量结束后,要旋紧固定螺旋将磁针固定。

四、正反坐标方位角

测量工作中的直线都具有一定的方向,如图 5-14 所示,以 A 点为起点,B 点为终点的直线的坐标方位角 α_{AB},称为直线 AB 的正坐标方位角。而直线的坐标方位角称为直线 AB 的反坐标方位角。同理,α_{BA} 为直线的正坐标方位角,α_{BA} 为直线 BA 的反坐标方位角,由图 5-14 中可以看出,正、反坐标方位角线的磁方位角间的关系为:

$$\alpha_{AB} = \alpha_{AB} \pm 180°$$

图 5-14　正反坐标方位角间的关系

五、象限角

由坐标纵轴的北端或南端起，顺时针或逆时针至某直线间所夹的锐角，并注出象限名称，称为该直线的象限角，角值范围为 $0°\sim90°$。如图 5-15 所示，直线 01、02、03、04 的象限分别为北东 R_{01}、南东 R_{02}、南西 R_{03} 和北西 R_{04}。

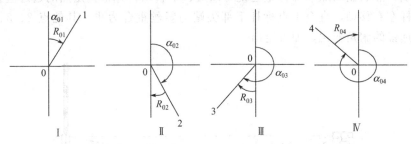

图 5-15　象限角

六、直线定线

1. 目测定线

目测定线就是用目测的方法，用标杆将直线上的分段表标定出来。如图 5-16 所示，MN 是地面上互相通视的了两个固定点，C、D 为待定段点。定段时，先在 M、N 点上竖立标杆，测量员甲位于点后 $1\sim2m$ 处，视线将 M、N 梁标杆同一侧相连成线，然后指挥测量乙持标杆在 C 点附近左右移动标杆，直至三根标杆的同侧重合到一起时为止。同法可定出 MN 方向上的其他分段点。定线时要将标杆竖直。在平坦区，定线工作常与丈量距离同时进行，即边定线边丈量。

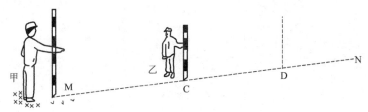

图 5-16　目测定线

2. 过高地定线

如图 5-17 所示，M、N 两点在高地两侧，互不通视，欲在 MN 两点间标定直线，可采用逐渐趋近法。先在 M、N 两点上竖立标杆，甲、乙两人各持标杆分别选择 O_1 和 P_1 处站立，要求 N、O_1、P_1 位于同一直线上，且甲能看到 N 点。可先由甲站在 O_1 处指挥乙移动至 NO_1 直线上的 P_1 处。然后，由站在 P_1 处的乙指挥甲移至 MP_1 直线上的 O_2 点，要求 O_2 能看到 N 点，接着再由站在 O_2 处的甲指挥乙移至能看到 M 点的 P_2 处，这样逐渐趋近，直至 O、P、N 在一直线上，同时 M、O、P 也在一直线上，这时说明 M、O、P、N 在同一

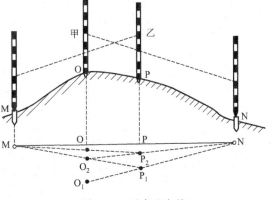

图 5-17　过高地定线

直线上。

3. 经纬仪定线

若量距的精度要求较高或两端点距离较长时，宜采用经纬仪定线（图 5-18），欲在 MN 直线上定出点 1、2、3、……在 M 点安置经纬仪，对中、整平后，用十字丝交点瞄准 N 点标杆根部尖端，然后制动照准部，望远镜可以上、下移动，并根据定点的远近进行望远镜对光，指挥标杆左右移动，直至 1 点标杆下部尖端与竖丝重合为止。其他点 2、3、……的标定只需将望远镜的俯角变化，即可定出。

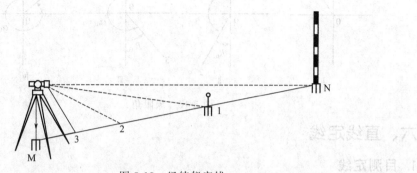

图 5-18 经纬仪定线

6

全站仪和GPS测量

第一节　全站仪构造与测量原理

一、相位法测距原理

目前使用的全站仪均采用相位法测距。如图 6-1 所示，设欲测定的 A、B 两点间的距离为 D，在 A 点安置仪器，在 B 点安置反射镜，由仪器发射调制光，经过距离 D 到达反射镜，再由反射镜返回到仪器接受系统，如果能测出速度为 c 的调制光在距离 D 上往返传播的时间 t，则距离 D 即可按下式求得。

$$D = 1/2 \times c \times t$$

式中　D——待测距离，m；

　　　c——调制光在大气中的传播速度，m/s；

　　　t——调制光在往、返距离上的传播时间，s。

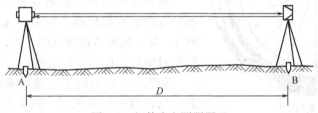

图 6-1　红外光电测距原理

用光电测距时，是将发光管发出的高频波，通过调制器改变其振幅，而且使改变后的振幅的包络线呈正弦变化，且具有一定的频率。发光管灯接发出的高频波称为截波，经过调制而形成的波称为调制波，调制波的波长为 λ。为便于说明，把光波在往返距离上的传播展开形成一条直线，如图 6-2 所示，显然，调制光返回到 A 点的相位比发射时延迟了 φ。

由于侧向装置不能测定一个整周期的相位差 $\Delta\varphi$，不能测出整周期 N 值，因此只有当光尺长度大于待测距离时（此时 $N=0$），距离方可以确定，否则就存在多值解的问题。换句话说，测程与光尺长度有关。要想使仪器具有较大的测程，就应选用较长的"光尺"。例如用 10m 的"光尺"，只能测定小于 10m 的距离数据；若用 1000m 的"光尺"，则能测定

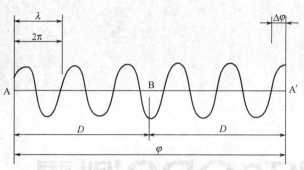

图 6-2 调制光波在被测往返距离上的展开图

1000m 的距离。但是，由于仪器存在测相误差，它与"光尺"长度成正比，约为 1/1000 的光尺长度，因此"光尺"长度越长，测距误差就越大。10m 的"光尺"测距误差为 ±10mm，而 1000m 的"光尺"测距误差则达到 ±1m，这样大的误差是过程中所不允许的。

二、测角原理

全站仪测读角系统是利用光电描度盘，自动显示于读数屏幕，使观测时操作更简单，且避免了人为读数误差。目前电子测角有三种度盘形式，即编码度盘、光栅度盘和格区式度盘。

1. 编码度盘的绝对法电子测角原理

编码盘属于绝对式度盘，即度盘的每一个位置均可读出绝对的数值。

编码度盘通常是在玻璃圆盘上支撑多道同心圆环，每一个同心圆环成为码道。度盘按码道数 n 等分成 2^n 个扇形区，度盘的角度分辨率为 $360°/2^n$。

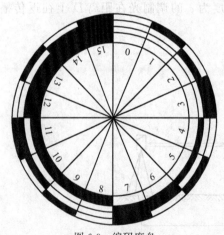

图 6-3 编码度盘

如图 6-3 所示是一个 4 码道的纯二进制的编码度盘，度盘分成 16 个扇形区。图中黑色部分表示透光区，白色部分表示不透光区。透光表示二进制代码"1"，不透光表示代码"0"。通过各区间的 4 个码道的透光和不透光，即可由里向外读出 4 位二进制数来。

利用这样一种度盘测量角度，关键在于识别瞄准的方向所在的区间。例如已知角的其实方向在区间 1，某一瞄准方向在区间 8 内，则中间所隔 6 个区间所对应的角度即为该角值。

如图 6-4 所示的光电读数系统可译出码道的状态，以识别所在的区间。图中 8 个二极管的位置不动，度盘上方的 4 个发光二极管加上电压就发光，当度盘转动停止后，处于度盘下方的光电二极管就接收来自上方的信号，由于码道分为透光和不透光两种状态，接收二极管上有无光照就取决于各码道的状态，如果透光，光电二极管受到光照后阻值大大减小，使原来处于截止状态的晶体二极管导通，输出高电位，表示 1；而不受光照的二极管阻值很大，晶体三极管仍处于截止状态，输出低电位，表示 0。这样，度盘的透光与不透光状态就变成电输出，通过对两组电信号的译码，就可得到两个度盘的位置，即为构成角度的两个方向值，两个方向值之间的差值就是该角值。

对于上述的 4 码道、16 个扇形区码盘，角度分辨率为 22.5°。显然这样的码盘不能在实际中应用，必须提高角度分辨率。要提高角度分辨率必须缩小区间间隔，要增加区间的状态

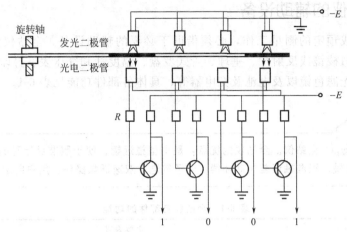

图 6-4　编码度盘码道光电识别系统

数，就必须增加码道数。由于测角的度盘不能制作得很大，因此，码道数就受到光电二极管的尺寸限制。由此可见，单利用编码度盘测角是很难达到很高的精度，因此在实际中，多采用码道和各种电子测微技术相结合进行读数的。

2. 光栅度盘的增量法电子测角原理

光栅度盘是在光学玻璃上全圆 360° 均匀而密集地刻画出许多径向刻线，构成等间距的明暗条纹（光栅）。通常光栅的刻线宽度与缝隙宽度相同，二者之和称为光栅的栅距，栅距所对的圆心角即为栅距的分化值。

三、全站仪的外部结构

如图 6-5 所示为全站仪的外部结构。

由图 6-5 可见，其结构与经纬仪相似，区别主要是全站仪上有一个可供进行各项操作的键盘。

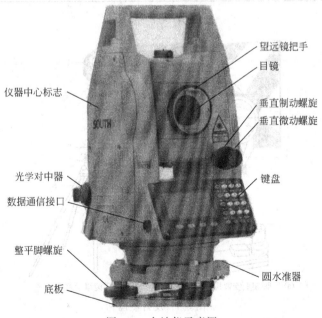

图 6-5　全站仪示意图

四、全站仪的辅助设备

全站仪要完成预定的测量工作，必须借助于必要的辅助设备。全站仪常用的辅助设备有：三脚架、反射棱镜或反射片、垂球、管式罗盘、温度计和气压表、打印机连接电缆、数据通信电缆、阳光滤色镜以及电池及充电器等，具体各部件功能见表6-1。

> **知识小贴士**　**全站仪。**全站仪的优点：是小型望远镜，便于照准目标时的操作；轻巧紧凑的设计；横轴、竖轴、视准轴误差自动补偿；电子气泡；双速调焦操作；用户自定义按键的功能。

表6-1　全站仪各部件的功能

部件名称	主要内容
三脚架	用于测站上架设仪器，其操作与经纬仪相同
反射棱镜或反射片	用于测量时立于测点，供望远镜照准(图6-6)，在工程中，根据工程的不同，可选用三棱镜、九棱镜等
垂球	在无风天气下，垂球可用于仪器的对中，使用方法同经纬仪
管式罗盘	供望远镜照准磁北方向，使用时，将其插入仪器提柄上的管式罗盘插口即可，松开指针的制动螺旋，旋转全站仪照准部，使罗盘指针平分指标线，此时望远镜指向北方向
打印机连接电缆	用于连接仪器和打印机，可直接打印输出仪器内数据
温度计和气压表	提供工作现场的温度和气压，用于仪器参数设置
数据通信电缆	用于连接仪器和计算机进行数据通信
阳光滤色镜	对着太阳进行观测时，为了避免阳光造成对观测者视力的伤害和仪器的损坏，可将翻转式阳光滤色镜安装在望远镜的物镜上
电池机充电器	为仪器提供电源

(a) 三脚架上安置棱镜示意图　　　(b) 侧杆棱镜示意图

图6-6　发射棱镜

1—棱镜；2—棱镜框；3—另几个底座；4—圆水准器；5—测杆；6—轻型三脚架

第二节　全站仪测量的基本测量方法

一、测量前的准备工作

测量前的准备工作见表6-2。

表 6-2　测量前的准备工作

步骤要点	注意内容
安装电池	在测量前先应检查内部电池充电情况，如电力不足，要及时充电。充电时要用仪器自带的充电器进行充电，充电时间需12～15h，不要超出规定时间。整平仪器前应装上电池，因为装上电池后仪器会发生微小的倾斜。观测完毕须将电池从仪器上取下
架设仪器	全站仪的安置同经纬仪相似，也包括对中和整平两项工作。对中均采用光学对中器，具体操作方法与经纬仪相同
开机和显示屏显示的测量模式	检查已安装上的内部电源，即可打开电源开关。电源开启后主显示窗随即显示仪器型号、编号和软件版本，数秒后发生鸣响，仪器自动转入自检，通过后显示检查合格。数秒后接着显示电池电力情况，电压过低，应关机更换电池
设置仪器参数	根据测量的具体要求，测前应通过仪器的键盘操作来选择和设置参数。主要包括：观测条件参数设置、日期和时钟的设置、通信条件参数的设置和计量单位的设置等
其他方面	对于不同型号的全站仪，必要情况下，应根据测量的具体情况进行其他方面的设置。如：恢复仪器参数出厂设置、数据初始化设置、水平角恢复、倾角自动补偿、视准差改正及电源自动切断等

经验指导

全站仪出产时开机主显示屏显示的测量模式一般是水平度盘和竖直度盘模式，要进行其他测量时可通过菜单进行调节。

二、全站仪的操作与使用

全站仪可以完成角度（水平角、垂直角）测量、距离（斜距、平距、高差）测量、坐标测量、放样测量、交会测量及对边测量等十多项测量工作。这里仅介绍水平角、距离、高程、坐标及放样测量等基本方法。

1. 角度测量

（1）基本操作方法

① 选择水平角显示方式。水平角显示具有左脚 HAL（逆时针角）和右角 HAR（顺时针角）两种形式可供选择，进行测量前，应首先将显示方式进行定义。

② 水平度盘读数设置。

a. 水平方向置零。测定两条直线的夹角，先将其中任一点作为起始方向，并通过键盘0Set操作，将望远镜照准该方向时水平度盘的读数设置为0°00′00″，简称为水平方向置零。

b. 方位角设置（水平度盘定向）。当在已知点上设站，照准另一已知点时，则该方向的坐标方位角是已知量，此时可设置水平度盘的读数为已知坐标方位角值，称为水平度盘定向。此后，照准其他方向时，水平度盘显示的读数即为该方向的坐标方位角值。

（2）水平角测量　用全站仪测水平角时，首先选择水平角表示方式，然后精确照准后视点并进行水平方向置零（水平度盘的读数设置为 $0°00'00''$），再旋转望远镜精确照准前视点，此时显示屏幕上的读数，便是要测的水平角值，计入测量手簿即可。

（3）竖直角测量　如图6-7所示，一条视线与通过该视线的竖直面内的水平线的夹角称为竖直角，通常以"°"表示。视线在水平线之上称为仰角，符号为正［图6-7(a)］；反之称为俯角，符号为负［图6-7(b)］。角值范围为 $0°\sim90°$。

竖直角也可以用天顶距表示。天顶距是指视线所在竖平面内，天顶方向（即竖直方向）与视线的夹角，通常以 Z 表示，天顶距无负值，角值范围为 $0°\sim180°$。

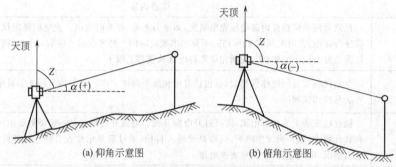

(a) 仰角示意图　　　　　　(b) 俯角示意图

图 6-7　竖直角测量

2. 距离测量

（1）参数设置

① 设置棱镜常数等参数。由于光在玻璃中的折射率为 $1.5\sim1.6$，而光在空气中的折射率近似等于1，也就是说，光在玻璃中的传播要比在空气中慢，因此光在反射棱镜中传播所用的超量时间会使所测距离增大某一数值，通常称作棱镜常数。棱镜常数 P_C 的大小与棱镜直角玻璃锥体的尺寸和玻璃的类型有关，可按下式确定。

$$P_C = -(N_C/N_R \times a - b)$$

式中　N_C——光通过棱镜玻璃的群折射率；

　　　N_R——光在空气中的群折射率；

　　　a——棱镜前平面（透射面）到棱镜链顶的高；

　　　b——棱镜前平面到棱镜装配支架竖轴之间的距离。

实际上，棱镜常数已在厂家所附的说明书或在棱镜上标出，供测距时使用。在精密测量中，为减少误差，应使用仪器检定时使用的棱镜类型。

② 大气改正。由于仪器作业时的大气条件一般不与仪器选定的基准大气条件（通常称为气象参考点）相同，光尺长度会发生变化，使测距产生误差，因此必须进行气象改正（或称大气改正）。

（2）返回信号检测　当精确地瞄准目标点上的棱镜时，即可检查返回信号的强度。在基本模式或角度测量模式的情况下距离切换。如返回信号无音响，则表明信号弱，先检查棱镜是否瞄准，如果已精确瞄准，应考虑增加棱镜数。这对长距离测量尤为重要。

（3）距离测量

① 测距模式的选择。全站仪距离测量有精测、速测（或称粗测）和跟踪测等模式可供选择，故应根据测距的要求通过键盘预先设定。

② 开始测距。精确照准棱镜中心，按距离测量键，开始距离测量，此时有关测量信息将闪烁显示在屏幕上。短暂时间后，仪器发出一短声响，提示测量完成，屏幕上显示出有关

距离值。

3. 坐标测量

全站仪可进行三维坐标测量，在输入测站点坐标、仪器高、目标高和后视方向坐标方位角后，用其坐标测量功能可以测定目标的三维目标。

如图 6-8 所示，O 点为测站点，A 点为后视点，1 点为待定点（目标点）。已知 A 点的坐标为 N_A、E_A、Z_A，O 点的坐标为 N_O、E_O、Z_O，并设 1 点的坐标为 N_1、E_1、Z_1，据此，可由坐标反算公式：$\alpha_{OA} = E_A - E_O/(N_A - N_O)$，计算 OA 边的坐标方位角 α_{OA}（称后视方位角）。

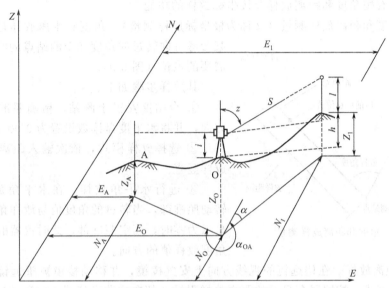

图 6-8 坐标测量计算原理图

坐标测量可按表 6-3 所示。程序进行。

表 6-3 坐标测量的程序

步骤	操作要点	主要内容
1	坐标测量前的准备工作	仪器已正确地安装在测点上,电池电量充足,仪器参数已按观测条件设置好,度盘定标已完成,测距模式已准确设置,返回信号检验已完成,并适合测量
2	输入仪器高	仪器高是指仪器的横轴中心(一般仪器上设有标志标明位置)至测站点的垂直高度。一般用 2m 钢卷尺量出,在测前通过操作键盘输入
3	输入棱镜高	棱镜高是指棱镜中心至测站点的垂直高度。测前通过操作键盘输入
4	输入测站点数据	在进行坐标测量前,需将测站点坐标 N、E、Z 通过操作键盘依次输入
5	输入后视点坐标	在进行坐标测量前,需将后视点坐标 N、E、Z 通过操作键盘依次输入
6	设置气象改正数	在进行坐标测量前,应输入当时的大气温度和气压
7	设置后视方向坐标方位角	照准后视点,输入测站点和后视点坐标后,通过键盘操作确定后,水平度盘读数所显示的数值,就是后视方向坐标方位角。如果后视方的坐标方位角已知(可以通过测站点坐标和后视点坐标反算得到),此时仪器可先照准后视点,然后直接输入后视方向坐标方位角数值。在此情况下,就无需输入后视点坐标
8	三维坐标测量	精确照准立于待测点的棱镜中心,按坐标测量键,短暂时间后,坐标测量完成,屏幕显示出待测点(目标点)的坐标值,测量完成

4. 放样测量

放样测量用于实地上测设出所要求的点。在放样过程中，通过对照准点角度、距离或坐标的测量，仪器将显示出预先输入的放样数据与实测值之差以指导放样进行。显示的差值由下式计算：

水平角差值＝水平角实测值－水平角放样值
斜距差值＝斜距实测值－斜距放样值
平距差值＝平距实测值－平距放样值
高差差值＝高差实测值－高差放样值

全站仪均有按角度和距离放样及按坐标放样的功能。

(1) 按角度和距离放样测量（又称为极坐标放样测量）　角度和距离放样是根据相对于某参考方向转过的角度和至测站点的距离测设处所需要的点位（图6-9）。

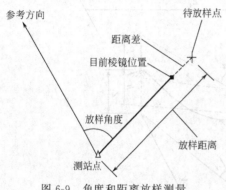

图6-9　角度和距离放样测量

其放样步骤如下。

① 全站仪安置于测站，精确照准选定的参考方向，并将水平度盘读数设置为0°00′00″。

② 选择放样模式，依次输入距离和水平角的放样竖直。

③ 进行水平角放样。在水平角放样模式下，转动照准部，当转过的角度值与放样角度值的差值显示为零时，固定照准部。此时仪器的视线方向即角度放样值的方向。

④ 进行距离放样。在望远镜的视线方向上安置棱镜，并移动棱镜被望远镜照准，选取距离放样测量模式，按照屏幕显示的距离放样引导，朝向或背离仪器方向移动棱镜，直至距离实测值与放样值的差值为零时，定出待放样的点位。

(2) 坐标放样测量　按坐标进行放样测量的步骤如下。

① 按表6-3中的1~7进行操作。

② 输入放样点坐标。将放样点坐标 N_1、E_1、Z_1 通过操作键盘一次输入。

③ 参照按水平角和距离进行放样的步骤，将放样点1的平面位置定出。

④ 高程放样。将棱镜置于放样点1上，在坐标放样模式下，测量1点的坐标 Z，根据其余已知点 Z_1 的差值，上、下移动棱镜，直至差值显示为零时，放样点1的位置定出。

第三节　GPS定位系统简介

一、GPS定位的基本原理

利用GPS进行定位，就是把卫星视为"动态"的控制点，在已知其瞬时坐标（可根据卫星轨道参数计算）的条件下，以卫星和用户接收机天线之间的距离（或距离差）为观测量，进行空间距离后方交会，从而确定用户接收机天线所处的位置。

1. 静态定位与动态定位

GPS绝对定位示意图如图6-10所示。

静态定位是指接收机在进行定位时，待定点的位置相对其周围的点位没有发生变化时，则其天线位置处于固定不动的静止状态。此时接收机可以连续地在不同历元同步观测不同的卫星，获得充分的多余观测量，根据卫星的已知瞬间位置，解算出接收机天线相位中心的三维坐标。由于接收机的位置固定不动，就可以进行大量的重复观测，所以静态定位可靠性强、定位精度高，在大地测量、工程测量中得到了广泛的应用，是精密定位中的基本模式。

动态定位是指在定位过程中，接收机位于运动着的载体，天线也处于运动状态的定位。动态定位是用信号实时地测得运动载体的位置。如果按照接收机载体的运行速度，还可将动态定位分为低动态（几十米/秒）、中等动态（几百米/秒）、高动态（几千米/秒）三种形

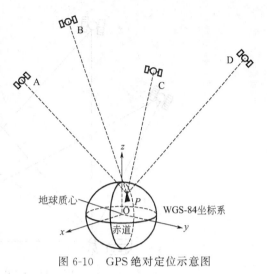

图 6-10　GPS绝对定位示意图

式。其特点是测定一个动点的实时位置，多余观测量少，定位精度较低。

2. 单点定位和相对定位

众所周知，测量工作的直接目的是要确定地面点在空间的位置。早期解决这一问题是采用天文测量的方法，即通过测定北极星、太阳或其他天体的高度角和方位以及观测时间，进而确定地面点在该时间的经纬度位置和某一方向的方位角。这种方法受到气候条件的制约，而且定位精度较低。

GPS单点定位也叫绝对定位，就是采用一台接收机进行定位的模式，它所确定的差接收机天线相位中心在WGS-84世界大地坐标系中的绝对位置，所以单点定位的结果也属于该坐标系。其基本原理是以卫星和用户接收机天线之间的距离（或距离差）观测量为基础，并根据已知可见卫星的瞬时坐标，来确定用户接机天线相位中心的位置。该定位方法广泛地应用于导航和测量中的单点定位工作。

GPS单点定位的实质，即是空间距离后方交会。对此，在一个测站上观测3颗卫星，获取3个独立的距离观测量就够了。但是由于GPS采用了单程测距原理，此时卫星钟与用户接收机钟不能保持同步，所以实际的观测距离均含有卫星钟和接收机钟不同步的误差影响，习惯上称之为伪距。其中卫星钟差可以用卫星电文中提供的钟差参数加以修正，而接收机的钟差只能作为一个未知参数，与测站的坐标在数据的处理中一并求解。因此，在一个测站上为了求解出4个未知参数（3个点位坐标分量和1个钟差系数），至少需要4个同步伪距观测值。也就是说，至少必须同时观测4颗卫星。

单点定位的优点是只需一台接收机即可独立定位，外业观测的组织及实施较为方便，数据处理也较为简单。缺点是定位精度较低，受卫星轨道误差、钟同步误差及信号传播误差等因素的影响，精度只能达到米级。所以该定位模式不能满足大地测量精密定位的要求。但它在地质矿产勘查等低精度的测量领域，仍然有着广泛的应用前景。

相对定位又称为差分定位，是采用两台以上的接收机（含两台）同步观测相同的卫星，以确定接收机天线间的相互位置关系的一种方法。其最基本的情况是用两台接收机分别安置在基线的两端（图6-11），同步观测相同的GPS卫星，确定基线端点在世界大地坐标系中的相对位置或坐标差（基线向量）在一个端点坐标已知的情况下，用基线向量推求另一待定点的坐标。相对定位可以推广到多台接收机安置在若干条基线的端点，通过同步观测卫星确

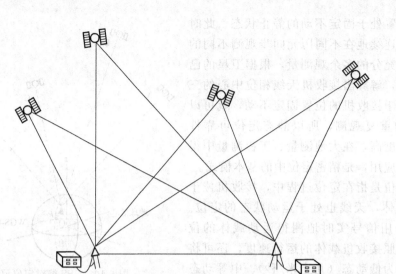

图 6-11　GPS 相对定位示意图

定多条基线向量。

　　由于同步观测值之间有着多种误差，其影响是相同的或大体相同的，这些误差在相对定位过程中可以得到消除或减弱，从而使相对定位获得极高的精度。当然，相对定位时需要多台（至少两台以上）接收机进行同步观测。故增加了外业观测组织和实施的难度。

　　在单点定位和相对定位中，又都可能包括静态定位和动态定位两种方式。其中静态相对定位一般均采用载波相位观测值为基本观测量。这种定位方法是当前 GPS 测量定位中精度最高的一种方法，在大地测量、精密工程测量、地球动力学研究和精密导航等精度要求较高的测量工作中被普遍采用。

二、GPS 定位的基本方法

　　前面所述的静态定位或动态定位，所依据的观测量都是所测的卫星至接收机天线的伪距。但是，伪距的基本观测量又区分为码相位观测（简称测码伪距）和载波相位观测（简称测相伪距）。这样，根据信号的不同观测量，可以区分为四种定位方法，具体见表 6-4。

表 6-4　GPS 定位的基本方法

方法	主要内容
卫星射电干涉测量	利用卫星射电信号具有无噪声的特性，由两个测站同时观测一颗 GPS 卫星，通过测量这颗卫星的射电信号到达两个测站的时间差，可以求得站间距离。由于在进行干涉测量时，只把 GPS 卫星信号当作噪声信号来使用，因而无需了解信号的结构，所以这种方法对于无法获得 P 码的用户很有吸引力。其模型与在接收机间求一次差的载波相位测量定位模型十分相似
多普勒定位法	根据多普勒效应原理，利用卫星较高的射电频率，由积分多普勒计数得出伪距差。当采用积分多普勒计数法进行测量时，所需观测时间一般较长（数小时），同时在观测过程中接收机的振荡器要求保持高度稳定。为了提高多普勒频移的测量精度，卫星多普勒接收机不是直接测量某一历元的多普勒频移，而是测量在一定时间间隔内多普勒频移的积累数值，称之为多普勒计数
伪距定位法	伪距定位法是利用全球卫星定位系统进行导航定位的最基本的方法，其基本原理是：在某一瞬间利用接收机同时测定至少四颗卫星的伪距，根据已知的卫星位置和伪距观测值，采用距离交会法求出接收机的三维坐标和时钟改正数。伪距定位法定一次位的精度并不高，但定位速度快，经几小时的定位也可达到米级的精度，若再增加观测时间，精度还可提高

续表

方法	主要内容
载波相位测量	载波信号的波长很短,L_1载波信号波长为19cm,L_2载波信号波长为24.4cm。若把载波作为量测信号,对载波进行相位测量可以达到很高的精度。通过测量载波的相位而求得接收机到卫星的距离,是目前大地测量和工程测量中的主要测量方法。在载波相位测量基本方程中,包含着两类不同的未知数:一类是必要参数,如测站的坐标;另一类是多余参数,如卫星钟和接收机的钟差、电离层和对流层延迟等,并且多余参数在观测期间会随时间变化,给平差计算带来麻烦

知识小贴士

①　**多普勒效应原理。**对于静态用户而言,多普勒频移的最大值约为±4.5kHz。如果知道用户的概略位置和可见卫星的历书,便可估算出GPS多普勒频移,而实现对GPS信号的快速捕获和跟踪,这很有利于GPS动态载波相位测量的实施。

②　**多余参数给平差计算带来的麻烦。**解决这个问题有两种办法:一种是找出多余参数与时空关系的数学模型,给载波相位测量方程一个约束条件,使多余参数大幅度减少;另一种更有效、精度更高的办法是,按一定规律对载波相位测量值进行线性组合,通过求差达到消除多余参数的目的。

三、导航定位系统的特点

导航定位系统的特点见表6-5。

表6-5　导航定位系统的特点

特点	主要内容
定位精度高	应用实践证明,GPS相对定位精度在50km以内可达到10^{-6}m,100～500km可达到10^{-7}m,1000km以上可到10^{-9}m。在300～1500m的工程精度定位中,1h以上观测的解其平面位置误差小于1mm,与ME-5000电磁波测距仪测定的边长比较,其边长较差最大为0.5mm,较差中误差为0.3mm
观测时间短	随着GPS系统的不断完善,软件的不断更新,目前,20km以内的相对静态定位,仅需15～20min;快速静态相对定位测量时,当每个流动站与基准站相距在15km以内时,流动站观测时间只需1～2min;动态相对定位测量时,流动站出发日观测1～2min,然后可随时定位,每站观测仅需几秒钟
测站间无需通视	GPS测量不要求测站之间互相通视,只需测站上空开阔即可,因此可节省大量的造标费用。由于无需点间通视,点位位置可根据需要,可稀可密,使选点工作甚为灵活,也可省去经典大地网中的传算点、过渡点的测量工作
可提供三维坐标	经典大地测量将平面与高程采用不同方法分别施测。GPS可同时精确测定测站点的三维坐标。目前水准可满足四等水准测量的精度
操作简便	随着GPS接收机不断改进,自动化程度越来越高;接收机的体积越来越小,重量越来越轻,极大地减轻了测量工作者的工作紧张程度和劳动强度,使野外工作变得轻松
全天候作业	目前观测可在一天24h内的任何时间进行,不受阴天黑夜、起雾刮风、下雨下雪等气候的影响。但雷雨天气不要进行观测,要注意防雷电
功能多、应用广	GPS系统不仅可用于测量、导航,还可用于测速、测时。测速的精度可达0.1m/s,测时的精度可达几十毫微秒。其应用领域不断扩大

第七章

测量误差控制

第一节　测量误差的概念

一、测量误差及其产生的原因

纵观整个测量工作，测量误差产生的原因主要有以下三个方面。

1. 仪器设备

测量工作是利用测量仪器进行的，而每一种测量仪器都具有一定的精确度，因此，会使测设结果受到一定的影响。例如，钢尺的实际长度和名义长度总存在差异，由此所测的长度总存在尺长误差。再如水准仪的视准轴不平行于水准管轴，也会使观测的高差产生 i 角误差。

2. 观测者

由于观测者的感觉器官的鉴别能力存在一定的局限性，所以，对于仪器的对中、整平、瞄准、读数等操作都会产生误差。例如，在厘米分划的水准尺上，由观测者估读毫米数，则1mm 以下的估读误差是完全有可能产生的。另外，观测者技术熟练程度也会给观测成果带来不同程度的影响。

3. 外界环境

观测时所处的外界环境中的温度、风力、大气折光、湿度、气压等客观情况时刻在变化，也会使测量结果产生误差。例如，温度变化使钢尺产生伸缩，大气折光使望远镜的瞄准产生偏差等。

上述三方面的因素是引起观测误差的主要来源，因此把这两方面因素综合起来称为观测条件。观测条件的好坏与观测成果的质量有着密切的联系。在同一观测条件下的观测称为等精度观测，反之，称为不等精度观测，而相应的观测值称为等精度观测值和不等精度观测值。

二、测量误差的分类与处理原则

测量误差按其对观测成果的影响性质，可分为系统误差和偶然误差两大类。前者为大误差，多发生于仪器设备；后者属小误差，多由一系列不可抗拒随机扰动所致。

1. 系统误差

在相同的观测条件下，对某一观测量进行一系列的观测，若误差的大小及符号相同，或按一定的规律变化，则这类误差称为系统误差。例如用一个名义上 30m，而实际长度为 30.007m 的钢尺丈量距离，每量一尺段就要少 7mm，该 7mm 的误差在数值上和符号上都是固定的，随着尺段数的增加呈累积性。由于系统误差对测量成果影响具有累计性，应尽可能消除或限制到最小程度，其常用的处理方法有以下几种，具体见表 7-1。

表 7-1　系统误差常用处理方法

处理方法	主要内容
检校仪器	把系统误差降低到最小程度，如校正竖盘指标差等
加改正数	在观测结果中加入系统误差改正数，如尺长改正等
采用适当的观测方法	使系统误差相互抵消或减弱，如测水平角时采用盘左、盘右观测以消除视准轴误差，测竖直角时采用盘左、盘右观测以消除指标差，采用前后视距相等来消除由于水准仪的视准轴不平行于水准轴带来的 i 角误差等

2. 偶然误差

在相同的观测条件下，对某一观测量进行一系列的观测，大量的观测数据表明，误差出现的大小及符号在个体上没有任何规律，具有偶然性。但从总体上看，误差的取值范围、大小和符号却服从一定的统计规律，这类误差称为偶然误差，或随机误差。例如，在厘米分划的水准尺上读数，由观测者估读毫米时，有时估读偏大，有时估读偏小；又如大气折光使望远镜中目标成像不稳定，使观测者瞄准目标时，有时偏左，有时偏右等。偶然误差是不可避免的，在测量中为了降低偶然误差的影响，提高观测精度，通常采用以下方法，具体见表 7-2。

表 7-2　提高观测精度的方法

处理方法	主要内容
提高仪器等级	可使观测值的精度得到有效的提高，从而限制了偶然误差的大小
降低外界影响	选择有利的观测环境和观测时机，避免不稳定因素的影响，以减小观测值的波动；提高观测人员的技术修养和实践技能，正确处理观测与影响因子和抗外来影响的能力，以稳、准、快地获取观测值；严格按照技术标准和要求操作程序观测等，以达到稳定和减少外界影响，缩小偶然误差的波动范围
进行多余观测	在测量工作中进行多余必要观测的观测，称为多余观测。例如，一端距离用往、返丈量，如将往测作为必要观测，则返测就属于多余观测；又如，由三个地面点构成一个平面三角形，在三个点上进行水平角观测，其中两个角度属于必要观测，则第三个角度的观测就属于多余角。有了多余观测，皆可能发生观测值的误差。根据差值的大小，可以评定测量的精度，差值如果大到一定程度，就认为观测值中有的观测量的误差超限，应予重测（返工）；差值如果不超限，则按偶然误差的规律加以处理，以求得最可靠的数值

需要注意的是，观测中应避免出现误差，即由观测者本身疏忽造成的误差，如读错、记错。粗差不属于误差范畴，是可以避免的。测量时必须遵守测量规范，要认真操作、随时检查，并进行结果检核。

三、测量误差的概念

在测量中对某一未知量在相同条件下进行若干次观测，每次所得的结果是各不相同的。如对一段距离、一个角度或两点间的高差在相同条件下进行多次重复观测都会出现这种情况。只要不出现错误，每次观测的结果是非常接近的，与真值相差无几。我们把观测值与真值或应有值之间的差异称为误差。

> **知识小贴士**
>
> **误差与错误。** 在测量过程中，因各种原因出现某些错误，但错误是不属于误差范围内的另一类问题。因为错误是由于粗心大意或操作失误所致，错误的结果与观测值的量无任何内在的关系。尽管错误难以杜绝，但通过观测与计算中的步步校核，可把它从成果中剔除掉，保证测量结果正确可靠。

第二节　测量误差的来源与分类

一、测量误差的来源

1. 仪器工具的影响

测量仪器在制造时要求十分严格，但无论怎样仪器都不会十全十美，其精度不可能无限制地提高，总有一些缺陷。在使用仪器之前虽然也进行了仔细的检验与校正，但仍有一些残余误差存在，这都会给测量结果带来一定的误差。

2. 人的因素

人的感觉器官能力有一定的限度，特别是人眼睛的分辨能力是有限的，在仪器的安置、整平、对中、照准、读数等方面都不是十分准确，给测量带来一定的误差。另一方面，观测者的熟练程度和习惯也可能会造成一些误差。

3. 外界条件的影响

测量观测都在一定的环境下进行，所以外界条件，如风力、阳光、温度、气压、湿度等对测量的结果都有影响，造成一定的误差。另外，我们的观测是在地球表面的大气中进行，地球曲率、大气折光等也对测量结果有一定的影响。

二、测量误差的分类及特性

测量误差按其特性分为系统误差和偶然误差两大类。

1. 系统误差

在相同的条件下，对某一量作一系列观测，其误差保持一个常数，或者随着观测条件的变化，误差的大小和符号按照一定的规律变化，这种误差称为系统误差。一般情况下仪器本身的误差对测量结果的影响，以及在距离丈量时，尺长误差、温度和地面倾斜所造成的误差都是系统误差。

对待系统误差应从以下三个方面来处理。

第一，在测量之前必须对仪器进行严格的检验与校正，让仪器误差保持在规范允许的范围之内。

第二，进行计算改正，如精密距离丈量的三差改正等。

第三，是在观测时采取对称观测的措施，如使用经纬仪时要盘左、盘右观测取平均值，水准测量时要前后视距相等。通过这些措施可以抵消或减小系统误差对测量成果的影响。

2. 偶然误差

在测量过程中，系统误差与偶然误差是同时产生的。我们用计算改正和采取一定的措施将系统误差的大部分抵消或减小了，这时偶然误差起着主要作用，所以，研究误差的主要对象是偶然误差。通过对偶然误差的分析研究，对测量成果的精度进行评定，同时求出观测值的最可靠值。

除此之外，通过对其他测量的误差进行大量的分析之后，可以总结出偶然误差有以下四个特性：

① 在一定的观测条件下，偶然误差的绝对值不会超过一定的限度；

② 绝对值较小的误差比绝对值较大的误差出现的概率要大；

③ 绝对值相等且符号相反的误差出现的概率相等；

④ 当观测次数无限增多时，偶然误差的算术平均值趋近于零。

偶然误差。在一定的观测条件下，误差的大小和符号从表面看没有一定的规律，但通过大量分析研究，它们符合一定的数理统计规律，这种误差称为偶然误差。

第三节　测量误差传播定律

一、误差传播定律的概念

研究和表达观测值中误差和观测值函数中误差之间关系的有关定律，称为误差传播定律。

例如，某未知点 B 的高程为 H_B，是由起始已知点 A 的高程 H_A 加上从 A 到 B 点之间进行了若干水准测量而得来的观测高差 h_1，h_2，…，h_n 求和得到的，这时未知点 B 的高程 H_B 是独立观测值 h_1，h_2，…，h_n 的函数，那么如何根据观测值的中误差去求观测函数的中误差，就需要用观测值中误差与观测值函数中误差之间关系的定律来解释。

二、现行函数误差传播定律的分析

设线性函数为：$z = k_1 x + k_2 y$

式中，z 为观测值的函数；k_1、k_2 均为常数（无误差，下同）；x、y 均为独立直接观测值。

已知 x、y 的中误差为 m_x、m_y，现在要求函数 z 的中误差 m_z。

当观测值 x、y 中分别含有真误差 Δx、Δy 时，函数 z 产生真误差 Δz，即

$$z-\Delta z=k_1(x-\Delta x)+k_2(y-\Delta y)$$

综合上式，得 $\Delta z=k_1\Delta x+k_2\Delta y$

设 x、y 各独立观测了 n 次，则有

$$\Delta z_1=k_1\Delta x_1+k_2\Delta y_1,\ \Delta z_2=k_1\Delta x_2+k_2\Delta y_2$$

根据上式的推导得到，观测值函数的中误差为

$$m_z=\pm\sqrt{m_x^2+m_y^2}$$

【例 7-1】 当在 $1:1000$ 的地形图上，量得某线段的平距为 $d_{AB}(45.6\pm0.2)\mathrm{mm}$，试求 AB 的实地平距 D_{AB} 及其中误差 m_D。

【解】 函数关系式为：

$$D_{AB}=1000\times d_{AB}=45600(\mathrm{mm})$$

代入误差传播公式得

$$m_D^2=1000^2\times m_d^2=40000(\mathrm{mm}^2)$$
$$m_D=\pm200\mathrm{mm}$$

最后得 $D_{AB}=(45.6\pm0.2)\mathrm{m}$

第四节　衡量测量精度的标准

衡量精度的标准有多种，常用的评定标准有中误差、容许误差、相对误差三种。

一、中误差

在相同观测条件下作一系列的观测，并以各个真误差的平方和的平均值的平方根作为评定观测质量的标准，称为中误差 m，即

$$m=\pm\sqrt{[\Delta\Delta]/n}$$

由上式可见，中误差不等于真误差，它仅是一组真误差的代表值，中误差的大小反映了该组观测值精度的高低。因此，通常称中误差为观测值的中误差。

二、容许误差

由于偶然误差具有有限性，所以偶然误差的绝对值不会超过一定的限值。如果在测量过程中某一观测值超过了这个限值，就认为这次观测值不符合要求，应该舍去重测。测量上把这个限值称为容许误差。根据误差理论和测量实验证明：绝对值大于两倍中误差的偶然误差出现的概率约有 5%，绝对值大于三倍中误差的偶然误差出现的概率仅有 0.3%。因此，在工程规范中，通常以两倍中误差作为偶然误差的容许值，即 $\Delta_{限}=2m$。

三、相对误差

对于某些观测成果，用中误差还不能完全判断测量精度。例如，用钢尺丈量 100m 和 200m 两段距离，观测值的中误差均为 0.01m，但不能认为两者的测量精度是相同的，因为量距误差与其长度有关。为了能客观反映实际精度，通常用相对误差来表达边长观测值的精度。相对误差 k 就是观测值中误差的绝对值与观测值 D 的比，并将其化成分子为 1 的形式，即

$$K=|m|/D=1/D/|m|$$

上述丈量两段距离的相对中误差分别为 1/10000 和 1/20000，显然后者比前者的测量精度高。

第五节 测量数据的算术平均值与中误差

一、算术平均值及中误差

等精度观测条件下，观测值的最或是值（最可靠值）是算术平均值。

算术平均值在相同的观测条件下，设对某一量 X 进行了 n 次观测，其结果为 x_1，x_2，$\cdots$，x_n，这些观测值的总和除以个数 n 即为该观测值的算数平均值：

$$\overline{x} = \frac{\overline{z} x_i}{n}$$

相同观测条件下的算数平均值也称最或是值，理论上可以证明，该值随着观测次数的增加与真值（观测值的实际值）之差逐渐减小，说明算术平均值是比任何单一观测值更符合实际。

利用改正数求中误差。由于观测值的真值 X 一般无法知道，故真误差 Δ 也无法求得，所以不能直接求观测值的中误差，而是利用观测值的最或是值 $\overline{x}$ 与各观测值之差（改正数）v 来计算中误差，即：

$$v = x - \overline{x}$$

实际工作中利用改正数计算观测值中误差的公式称为白塞尔公式，即

$$m = \pm\sqrt{[vv]/(n-1)}$$

算术平均值的中误差在求出观测值的中误差 m 后，就可应用误差传播定律求观测值算术平均值的中误差 M：

$$M = m/\sqrt{n} = \pm\sqrt{[vv]/[n(n-1)]}$$

由上式可知，增加观测次数能削弱偶然误差对算术平均值的影响，提高其精度。但因观测次数与算术平均值中误差并不是线性比例关系，所以当观测次数达到一定数目后，即使再增加观测次数，精度却提高得很少。因此，除适当增加观测次数外，还应选用适当的观测仪器，选用科学而易于操作的观测方法，选择良好的外界环境，才能有效地提高精度。

二、加权平均值及中误差

不等精度观测条件下，观测值的最或是值是加权平均值。

【例 7-2】 四个人对同一段距离进行了观测：第一个人观测 4 个测回，平均结果为 270.425m，第二个人观测 6 个测回，平均结果为 270.404m，第三个人观测 1 个测回，结果为 270.400m，第四个人观测 2 个测回，平均结果为 270.428m。试求平均观测结果。

【解】 他们的平均观测结果为
$$\overline{x} = 270.400 + (4 \times 0.025 + 6 \times 0.004 + 1 \times 0 + 2 \times 0.028)/(4+6+1+2) = 270.414 (m)$$

显然上式计算时考虑了每个人测量结果在平均结果中的"比重"的大小，即观测的测回数多的在平均值中所占的"比重"就大。这个"比重"在不等精度的计算中我们称之为"权"，权是衡量测量结果精度的无名数，这种方法就是加权平均值。

当观测条件不同时，如果仍然采用算术平均值，显然没有考虑观测条件的差异，使得计算的结果不符合实际，此时需要用加权平均值。

1. 权类似于权利但不完全相同

（1）权的概念   可以理解为中误差与任意大于零的实数的比值。

（2）权的计算公式   确定一个任意正数 C，则有：

$$P_i = C/m_i^2$$

式中 P_i——权；

C——任意正数；

m_i——观测值中误差。

（3）权的性质   使用时要特别注意权的以下性质。

① 权与中误差均是用来衡量观测值精度的指标，但中误差是绝对性数值，表示观测值的绝对精度；权是相对性数值，表示观测值的相对精度。

② 权与中误差的平方成反比，中误差越小，其权越大，表示观测值精度越高。

③ 由于权是一个相对数值，对于单一观测值而言，权无意义。

④ 权恒取正值，权的大小是随 C 值的不同而异，但其比例关系不变。

⑤ 在同一问题中只能选定一个 C 值，否则就破坏了权之间的比例关系。

2. 权的确定方法

不同观测量的确定方法不尽相同。

3. 加权算术平均值的计算

设对某量进行了 n 次不同精度观测，观测值为 x_i，其对应的权为 p_i，则有加权平均值的计算公式如下：

$$\bar{x} = [px_i]/[P]$$

4. 最或是值的中误差

由以上公式及误差传播定律可得加权平均值中误差公式为：

$$M = \mu/\sqrt{[p]} = \pm\sqrt{\frac{[pvv]}{[p](n-1)}}$$

> **知识小贴士**
>
> 权的确定方法。角度测量：测回数为"权"；高差测量：测站数的倒数为"权"；距离测量：公里数的倒数为"权"或者以测回数为"权"；导线测量：一般以测量点的倒数为"权"或者以距离公里数倒数为"权"。

第六节   主要测量工作中的数据误差分析

一、基本测量工作误差分析

1. 水准测量的精度分析

水准尺的读数中误差 m_D 主要由水准管气泡居中误差、照准误差和估读误差组成。

（1）水准管气泡居中误差   试验证明气泡偏离水准管中点的中误差为水准管分划值的 0.15 倍，采用复合水准器时，气泡居中精度可提高一倍，当视距为 D 时，水准管居中误差对读数的影响为：

$$m = \pm 0.15\gamma D/(2\rho'')$$

当 $D = 100\text{m}$，γ 为 $20''/2\text{mm}$ 时，则：

$$m_\gamma = \pm 0.15 \times 100 \times 1000 \times 20/(2 \times 206265) \approx \pm 0.73(\text{mm})$$

（2）照准误差　一般情况下人眼睛的分辨率为 $1'$，如果某两点在人眼睛中视角小于分辨率时会把两点看成一点，当望远镜放大率 $V = 30$ 倍，视距 $D = 100\text{m}$ 时，则望远镜的照准中误差为：

$$m_z = \pm 60''/V \times (D/\rho'') \approx \pm 0.97(\text{mm})$$

（3）估读误差　一般认为估读误差为 1.5mm 左右。

$$m_G = \pm 1.5\text{mm}$$

综合上述因素，所以水准尺读数中误差 m_D 为：

$$m_D = \pm \sqrt{m_\gamma^2 + m_z^2 + m_G^2} \approx \pm 2.0(\text{mm})$$

2. 水准路线高差的中误差

若在 A、B 两点间进行水准测量，共安置了 n 个测站，测得两点间的高差为 h_{AB}，下面分析水准路线高差的中误差及图根水准的允许闭合差。

每测站的高差公式为 $h = a - b$，因为是等精度观测，所以前、后读数中误差均为 $m_D = \pm 2\text{mm}$，则一个测站的中误差为：$mh = \pm \sqrt{m_a^2 + m_b^2} = \pm 3.0(\text{mm})$

A、B 两点的高差的计算公式为：

$$h_{AB} = h_1 + h_2 + \cdots + h_n$$

【例 7-3】　从 A 点到 B 点测得高差 $h_{AB} = +15.477\text{m}$，中误差 $m_{h_{AB}} = \pm 12\text{mm}$，从 B 点到 C 点测得 $h_{BC} = +5.777\text{m}$，中误差 $m_{h_{BC}} = \pm 9\text{mm}$，试求 A、C 两点间的高差及其中误差。

【解】　　　　$h_{AC} = h_{AB} + h_{BC} = 15.477 + 5.777 = 21.254(\text{m})$

$$m_{h_{AC}} = \pm \sqrt{12^2 + 9^2} = \pm 15(\text{mm})$$

所以：　　　　　　　$h_{AC} = (+21.254 \pm 0.015)\text{m}$

二、水平角测量的精度分析

若用 J_6 光学经纬仪观测水平角，现以该型号为基础来分析测水平角时的一些限差来源。按我国经纬仪系列标准，J_6 型经纬仪一测回方向中误差为 $\pm 6''$，它是指盘左、盘右两个半测回方向的平均值的中误差 $m_方$。

① 一测回的测角中误差水平角是由两个方向值之差求得的，角值 β 为右方向的读数 b 与左方向的读数 a 之差，则函数式为：

$$\beta = b - a$$

根据误差传播公式有：　　　　$m_\beta^2 = m_b^2 + m_a^2$

当 $m_a = m_b = m_方 = \pm 6''$ 时，一测回的测角中误差为

$$m_\beta = \sqrt{2}m_方 = \pm 6'' \times \sqrt{2} \approx \pm 8.5(\text{mm})$$

② 上、下半测回的允许误差。一测回的角值 β 等于该盘左角值 β_z 与盘右角值 β_y 的平均值，函数式为

$$\beta = \beta_z + \beta_y/2$$

③ 测回差的允许偏差。设第 i 测回和第 j 测回的角值分别为 $\beta_{i测回}$ 和 $\beta_{j测回}$，测回是两个测回角的差，其函数式为：

$$\Delta\beta_{测回差} = \beta_{i测回} - \beta_{j测回}$$

根据误差传播公式，则两个测回角值之差的中误差为：

$$m^2_{\Delta\beta测回差}=m^2_{\beta_i测回}+m^2_{\beta_j测回}$$

设各测回的测角中误差相同，则 $m_{\Delta\beta测回差}=\pm\sqrt{2}\,m_\beta=12''$

取两倍中误差作为允许误差，则测回差的允许误差为

$$f_{\beta测回差允}=\pm2\times m_{\Delta\beta测回差}=\pm2\times12''=\pm24''$$

三、距离丈量的精度分析

若用长度为 l 的钢尺在等精度条件下丈量一直线，长度为 D，共丈量 n 个尺段，设已知丈量一尺段的中误差为 m_l，现讨论直线长度 D 的中误差 m_D。

因为直线长度为各尺段之和，故：

$$D=l_1+l_2+l_3+\cdots+l_n$$

应用误差定律的公式得：$m_D=\pm m_l\sqrt{n}$

8

测量的基本方法

第一节 距离、角度、高程的基本测量方法

测设是将已经设计好的、具有点位坐标的图上点按照一定的方法在实地确定出来，并加以标识的一类测量工作，它与测定工作过程相反，是测量的两大任务之一。

一、测设已知水平距离

测设已知水平距离，就是从给定的起点上，沿着给定的方向，按照给定的长度数值测设出终点位置的一项测量工作。它与测定两点间水平距离的方法要求是一致的，只是在操作的具体步骤上有所不同。测设已知水平距离可以分为以下两种作业方法。

1. 先量距、后调整

（1）量距 按照距离测试的方法，从指定的起点按给定的方向测出给定的长度，定出终点的初步位置。此时，这段距离名义上为 $D'=$ 已知水平距离。

（2）计算改正数 根据现场的实际情况，综合考虑计算尺长改正数 v_1、温度改正数 v_t、斜度改正数 v_h 等相关改正数，各项改正数总和为 $v=v_1+v_t+v_h$。量距时，如果地面坡度均匀，可以直接沿倾斜地面进行丈量，这时需要计算倾斜改正数；如果地面坡度不均匀，但坡度较小，可以采用将尺身抬平的方式进行丈量，此时无需计算倾斜改正数；如果地面坡度不均匀，且坡度较大时，可以先在地面按照大致接近但不大于一个整尺段的位置钉设木桩，并用水准仪测量相邻桩顶的高差，然后分段测量距离，分段计算改正数，尤其是倾斜改正数。

（3）求实长 通过加入改正数，求得起点和终点之间的实际长度 $D=D'+v$，其中 D' 为名义长度，v 为改正数。

（4）调整 用实际长度与已知的水平距离进行比较，如果不等，则要对终点的位置进行调整。调整时，如果实际长度比已知水平距离数值大（即改正数 v 为正）时，终点向起点方向进行调整，反之终点背向起点方向进行调整，调整的距离就是改正数 v 的绝对值。

2. 先改正、后量距

（1）计算改正数 根据已知水平距离（作为丈量距离之后的实际水平距离 D），结合现

场实际情况，计算尺长、温度、倾斜等相关改正数。各项改正数总和为 $v=v_1+v_t+v_h$。

（2）计算应量名义长度　应量名义长度 $D=D'-v$。

（3）实地量距　按应量名义长度 D' 在现场进行量距，即从指定的起点，按给定的方向量出距离 D'，定出终点位置。此时，起点与终点之间的实际水平距离恰好是已知水平距离 D。

【例 8-1】　今欲在现场测设一段距离，长度为 115.000mm，已知现场地面坡度均匀，$i=4.3\%$。测量者使用的钢尺在标准条件下长度为 30m+0.003m。

【解】　下面分别两种情况进行操作。

（1）依照先量后调的方法

① 首先在现场用钢尺和测钎配合，从起点沿给定方向在倾斜地面上量得三个整尺段（3×30m）和一个零尺段（25m），合计 115m。量距时采用标准拉力，现场的温度为 30℃。

② 计算各项改正数，求取实际距离。

③ 调整重点位置。根据实际长度可知，所测设的距离比设计要求短了 0.081m，因此需要将重点位置向延长方向移动 0.081m，并做好标识，完成测设。

（2）依照先改后量的方法

① 根据钢尺、现场地面坡度、温度等因素，首先计算相关改正数。各项改正数计算结果同上。

② 计算应量长度。

③ 计算完成后立即在现场从起点，沿着给定方向及倾斜地面量取应量长度，定出终点标识，完成测设。

二、测设已知水平角

测设已知水平角，就是在指定的角顶点上，以给定的方向为其实际方向、按照给定的水平角值测设出终点方向的一项测量工作。测设水平角有经纬仪测设和钢尺测设的不同测法。

经验指导

测设已知水平角的一般方法。①盘左测设：安置仪器在顶角 A 上，对中、整平后，用盘左位置对准 B 点，调节水平度盘位置变换轮，使水平度盘读数为 0°00′00″，转动照准部使水平度盘读数为 β 值，按照视线方向定出 C′ 点。②盘右测设：用盘右位置重复①，定出 C″点。③确定水平角：取 C′ 和 C″ 连线的中点 C，则 AC 即为测设角 β 的另一个方向线，∠BAC 为测设的 β 角。

1. 光学经纬仪测设水平角

如图 8-1 所示，欲在 O 点测设与 OA 直线形成顺时针夹角 β_1 的方向 OB，设 $\beta_1=38°35′31″$，测法如下：

① 在 O 点安置经纬仪，以盘左位置照准后视点 A，使度盘读数为 0°00′00″，扳下离合器后照准 A 点，再扳上离合器；

② 顺时针旋转照准部，当度盘读数为 38°35′31″时，在视线方向上做出标志 B_1；

③ 为了消除仪器误差、校核观测成果、提高测设精度，再以盘右位置照准 A 点，使度盘读数为 180°00′00″，顺时针旋转照准部至读数为 218°36′30″时，在视线方向上做出标志 B_2；

④ 当 B_1、B_2 误差在允许范围以内时，取其中点位置 B，则 OB 即为欲测设方向。

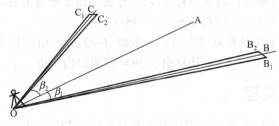

图 8-1　经纬仪测设水平角

在图 8-1 中，欲在 O 点测设与 OA 支线形成逆时针夹角 β_2 的方向 OC，设 $\beta_2 = 33°33'33''$，测设如下：

① 在 O 点安置经纬仪，以盘左位置照准后视点 A，使度盘读数为 $33°33'33''$，扳下离合器后照准 A 点，再扳上离合器；

② 顺时针旋转照准部，当度盘读数为 $0°00'00''$ 时，在视线方向上做出标志 C_1；

③ 为了消除仪器误差、校核观测成果、提高测设精度，再以盘右位置照准 A 点，使度盘读数为 $233°33'33''$，顺时针旋转照准部至读数为 $180°00'00''$ 时，在视线方向上做出标志 C_2；

④ 当 C_1、C_2 误差在允许范围以内时，取其中点位置 C，则 OC 即为欲测设方向。

2. 钢尺测设水平角

当没有经纬仪可以用来进行测设水平角，而只有钢尺可以使用的情况下，可以利用钢尺来测设水平角。

(1) 测设直角　如图 8-2 所示，欲测设与 AB 直线成 90° 的方向 BC。

用钢尺由 B 点向 A 点方向量取 4m 定出 M 点，然后将钢尺令点对准 B 点，令 9m 刻划线对准 M 点，使 3m 与 4m 刻划线对齐，拉紧钢尺得到 N 点，则角∠MBN＝90°。BN 方向即所要测设的 BC 方向，可延长 BN，在适当位置定出 C 点。

在这里，利用了直角三角形勾股的关系，即 BM＝4m，BN＝3m，NM＝5m，所以这种测法也成为 3—4—5 法。当场地条件允许时，在保持比例 3：4：5 不变的情况下，应尽量选用较大的尺寸，如取 6m、8m、10m 或 9m、12m、15m 等。量距时，三边要同用钢尺有刻划线的一侧，且三边在同一水平面内，拉力一致。

(2) 测设任意角　如图 8-3 所示，欲测设与 AB 支线成任意角度 β 的方向 BC。

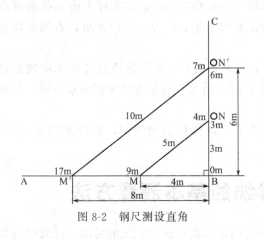

图 8-2　钢尺测设直角

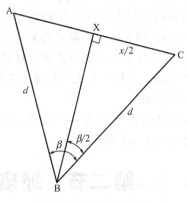

图 8-3　钢尺测设任意角

取 $AB=BC=d$，β 角所对的边为欲求边 x。在 $\triangle ABC$ 中，因为 $AB=BC$，所以 $\angle A=\angle C$。过 B 点作 AC 边的垂线，则垂线将 $\triangle ABC$ 分成了两个全等的直角三角形。在直角三角形中：有 $\sin(\beta/2)=(x/2)/d$，所以 $x=2d\times\sin(\beta/2)$。

在实际作业中，为了计算和测设方便，一般取 $d=10\text{m}$。由此得出结论：欲测设任意角度 β，可取三边比例为 $10:10:x$，计算出 x 便可以测设出 β 角。

三、测设已知高程

测设已知高程是根据已有的水准点位置及高程数据，利用水准测量的方法将事先设计好高程数值的点位在实地测设出来的一项测量工作。类似于水准测量测定点的高程，测设已知高程的方法也分为视线高法和高差法两种。

某建筑物的首层室内地坪（即±0.000）设计高程为 44.300m，已知水准点 BM_1 高程为 44.753m。现要在木桩侧面测设出 44.300m 的水平线，作为施工过程中控制高程的依据，具体测设方法如下。

1. 视线高法

① 在水准点 BM_1 上竖立水准尺，在水准点和欲测设点中间安置水准仪，读取后视读数 $a=1.675\text{m}$，然后求出视线高。

$$H_i=H_{BM_1}+a=44.753+1.675=46.428(\text{m})$$

② 根据视线高和设计高程计算应读前视读数。

$$b_{应}=H_i-H_{设}=46.428-44.300=20.128(\text{m})$$

③ 将水准尺贴紧木桩侧面竖立并进行上下移动，当水准仪视线（即十字丝交点）恰好对准尺上 20.128m 时，沿尺底在木桩侧面画水平线，其高程即为 44.300m（即首层室内地坪±0.000 的设计高程）。

2. 高差法

高差法测设已知高程主要是采用一根木杆来代替水准尺。

① 在 BM_1 上竖立木杆，在水准点和欲测设点中间安置水准仪，依据水准仪视线在木杆上画一点（或一水平线）a。

② 计算 $h=H_{设}-H_{BM_1}=44.300-44.753=-0.453$（m），在木杆上由 a 起量取高差的绝对值画出标志点（或水平线）b。当 h 为正时向下量，h 为负时向上量，本例中高差为 -0.453m，因此向上量取，即 b 在 a 之上。

③ 将木杆移至欲测设点处，保持木杆原来的上下状态，贴紧视线钉设的木桩侧面竖立并上下移动，当杆上 b 点与仪器水平线恰好重合时，沿木杆底在木桩侧面画水平线，其高程即为 44.300m。

高差法适用于安置一次仪器，同时测设若干相同高程点的情况，如抄龙门板±0.000 线、抄 50cm 水平线等。

第二节 坡度与导线的基本测量方法

在道路、管线工程中，经常会遇到按照一定的设计坡度进行施工的情况，这时就需要在地面上将事先设计确定好的坡度线测设出来。如图 8-4 所示，假设地面 A 点的高程已知为 H_A，现欲沿 AB 方向测设一条坡度为 i 的坡度线，已知 AB 两点之间的水平距离为 L，则 B 点相对于 A 点的高差为：

$$h_{AB} = i \times L$$

B 点的高程为：

$$H_B = H_A + h_{AB} = H_A + i \times L$$

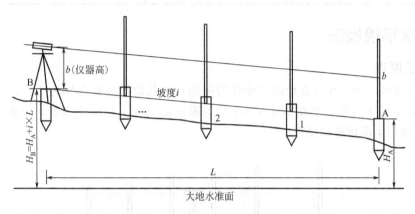

图 8-4　已知坡度直线的测设

测设时，可以利用测设已知高程点位的方法将 B 点的高程位置测设出来，位于坡度线上的中间各点可根据坡度的大小采用经纬仪或水准仪进行测设。

一、水准仪测设

坡度较小时，利用水准仪进行测设的操作方法如下。

① 将水准仪安置于 B 点，使其中一个脚螺旋处在 AB 方向线上，另两个脚螺旋的连线垂直于 BA 方向线，量取仪器高 b。

② 旋转方向线上的脚螺旋，使通过望远镜视线在 A 点立尺上的读数正好等于仪器高 b，此时的水准仪视线倾斜，且恰好与坡度线平行。

③ 在 BA 方向上各坡度线标志点处钉入木桩 1，2，3，…然后分别在 1，2，3，…各木桩侧面贴紧竖立水准尺并上下移动，当视线在水准尺上的读数恰好为 b 时，沿尺底在木桩侧面画线，即为坡度线位置。

二、经纬仪测设

坡度较大时，利用经纬仪进行测设的操作方法如下。

将经纬仪安置于 B 点，量取仪器高 b，纵转望远镜使视线在 A 点立尺上的读数正好等于仪器高 b，此时经纬仪视线恰好与坡度线平行；在 BA 方向上各坡度线标志点处钉入木桩 1，2，3，…然后分别在 1，2，3，…各木桩侧面贴紧竖立水准尺并上下移动，当视线在水准尺上的读数恰好为 b 时，沿尺底在木桩侧面画线，此即为坡度线位置。

利用经纬仪测设坡度线的方法也可以在坡度较小的情况下使用。

测设指定的坡度线，在渠道、道路以及建筑敷设上、下水管道及排水沟等工程上应用较广泛。在工程施工之前往往需要按照设计坡度在实地测设一定密度的坡度标志点（即设计的高程点）连成坡度线，作为施工的依据。

> **知识小贴士**　　**坡度线的测设。**坡度线的测设是根据附近水准点的高程、设计坡度和坡度端点的设计高程，应用水准测量的方法将坡度线上各点的设计高程标定在地面上，实质是高程放样的应用。其测设的方法有水平视线法和倾斜视线法两种。

三、水平视线法

1. 测设原理

如图 8-5 所示，A、B 为设计的坡度线的两端点，其设计高程分别为 H_A、H_B，AB 设计坡度为 i，为施工方便，要在 AB 方向上，每隔一定距离 d 钉一个木桩，要在木桩上标定出坡度线，利用水准仪进行测设。

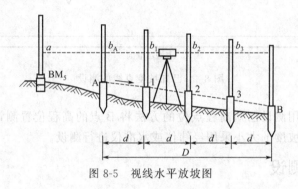

图 8-5　视线水平放坡图

2. 测量方法

水平视线法施测方法如下。

① 沿 AB 方向，用钢尺定出间距为 d 的中间点 1、2、3 位置，并打下木桩。

② 计算各桩点的设计高程 H：

$$H_1 = H_A + i \times d$$
$$H_2 = H_1 + i \times d$$
$$H_3 = H_2 + i \times d$$
$$H_B = H_3 + i \times d$$

作为校核有：　　　　　　　$H_B = H_A + i \times d$

坡度 i 有正负之分（上坡为正，下坡为负），计算设计高程时，坡度应该连同符号一块计算。

③ 在水准点的附近安置水准仪，后视读数为 a，利用视线高计算各点的正确读数。

④ 将水准尺分别靠在各木桩的侧面，上下移动水准尺，直至水准尺读数为计算的正确读数时，便可以沿水准尺底面画一条横线，各横线连线即为 AB 设计坡度线。

四、倾斜视线法

1. 测设原理

如图 8-6 所示，A、B 为坡度线的两端点，其水平距离为 D，A 点的高程为 H_A，要沿 AB 方向测设一条坡度为 i 的坡度线，则先根据 A 点的高程、坡度 i 及 A、B 两点间的水平距离计算出 B 点的设计高程，再按测设已知高程的方法，将 A、B 两点的高程测设在地面的木桩上。

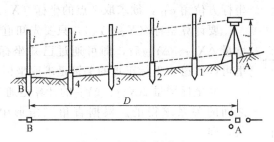

图 8-6　视线倾斜放坡法

2. 测设方法

将经纬仪安置在 A 点，量取仪器高 j，望远镜瞄准 B 点水准尺读数为 j，制动经纬仪的水平制动螺旋和望远镜的制动螺旋，此时，仪器的视线与设计坡度线平行。在 AB 方向的中间各点 1、2、3、……的木桩侧面立尺，上、下移动水准尺，直至尺上读数等于仪器高 i 时，沿尺子地面在木桩上画一红线，则各桩红线的连线就是设计坡度线。

地物平面位置的放样，就是在实地测设出地物各特征点的平面位置，作为施工的依据。

经验指导

水准尺读数的注意点。注意水准尺的底部应与 B 点木桩上的标定点对齐。

第三节　地面点位置坐标计算

在测量场区建有一个测量平面直角坐标系，在这个坐标系统中，已经由有关测绘部门测定了一些具有典型控制意义的已知坐标点。在这个前提下，再来测定一些施工现场所需要的地面点的坐标，而对于地面点平面坐标的计算来说，可以分为坐标正算和坐标反算两种情况。

知识小贴士

地面点位的测设。地面点位的测定是通过测量方法和手段对地面上的点的位置即平面坐标和高程的确定，既包括直接取得坐标、高程数据，也包括通过地形图将地面点表示出来。然而除了地面点的高程已经可以确定之外，仅靠单独测量角度或距离还是不能确定出地面点的平面坐标，必须把角度测量和距离测量结合起来，才能确定点的平面坐标。

坐标方位角是以测量平面直角坐标系的 X 轴正向（正北方向）为起始方向，顺时针旋转到某一直线时所形成的水平夹角，一般以 α 表示。如图 8-7 所示，α_{12} 为直线 12 的坐标方位角，由图中可以看出，一条直线具有两个互为正反的坐标方位角，即 α_{21} 也是直线 12 的坐标方位角。这里的 α_{12}、α_{21} 为两个方位角，一个称为正方位角，另一个称为反方位角，它们二者之间相差 $180°$，即 $\alpha_{21} = \alpha_{12} + 180°$。

1. 坐标正算

坐标正算是指已知一个点的坐标以及两个点之间的距离和坐标方位角，求取另一个点坐标的计算。

已知 1 点的坐标为 $(X_1、Y_1)$，直线 12 之间的距离 D_{12} 和坐标方位角 α_{12}，欲求取 2 点的坐标 $(X_2、Y_2)$。

要计算坐标 $(X_2、Y_2)$，只要先知道 2 点相对于 1 点的坐标增量 ΔX_{12}、ΔY_{12} 后，即可通过已知坐标 $(X_1、Y_1)$ 得出。这里可以知道，坐标正算的关键是求取坐标增量。

而坐标增量 ΔX_{12}、ΔY_{12} 的计算是通过直角三角形中边与角之间的关系求得的。根据直角三角形中正弦、余弦函数的定义，即

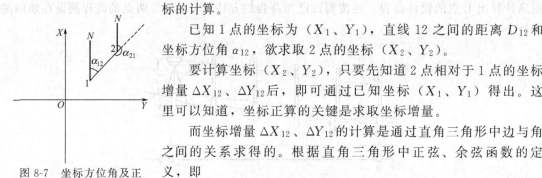

图 8-7   坐标方位角及正反方位角之间的关系

$$\sin\alpha_{12}=\Delta Y_{12}/D_{12} \qquad \cos\alpha_{12}=\Delta X_{12}/D_{12}$$

可知坐标增量的计算为：

$$\Delta X_{12}=D_{12}\times\cos\alpha_{12} \qquad \Delta Y_{12}=D_{12}\times\sin\alpha_{12}$$

则 2 点坐标计算为：

$$X_2=X_1+\Delta X_{12} \qquad Y_2=Y_1+\Delta Y_{12}$$

坐标增量 ΔX_{12}、ΔY_{12} 随着方位角 α_{12} 值的变化，其符号也变化，在计算坐标时只要带着符号代入和计算即可。

【例 8-2】   已知 A 点坐标 $X_A=1056.785\text{m}$，$Y_A=952.854\text{m}$，AB 两点之间的距离为 289.668m，方位角 $\alpha_{AB}=75°29'46''$，试计算 B 点的坐标 X_B、Y_B。

【解】   根据坐标增量计算公式，增量计算为

$$\Delta X_{AB}=D_{AB}\times\cos\alpha_{AB}=289.668\times\cos75°29'46''=72.546(\text{m})$$

$$\Delta Y_{AB}=D_{AB}\times\sin\alpha_{AB}=289.668\times\sin75°29'46''=280.436(\text{m})$$

则 B 点坐标计算为：

$$X_B=X_A+\Delta X_{AB}=1056.785+72.546=1129.331(\text{m})$$

$$Y_B=Y_A+\Delta Y_{AB}=952.854+280.436=1233.290(\text{m})$$

2. 坐标反算

坐标反算是指已知两个点的坐标，求取这两个点之间的距离和坐标方位角的计算。这项计算一般用于进行地面点测设时求取测设数据，考虑到知识的相关性，在此与坐标正算一起介绍。

已知地面直线两端 1 点和 2 点的坐标为 $(X_1、Y_1)$，$(X_2、Y_2)$ 欲计算这条直线的 D_{12} 和 α_{12}，也需要先求出坐标增量，只是坐标增量的计算方法是采用两个点的坐标来计算，即：

$$\Delta X_{12}=X_2-X_1 \qquad \Delta Y_{12}=Y_2-Y_1$$

然后再根据勾股定理计算两点之间的距离，根据正切函数的定义计算方位角，即：

$$D_{12}=\sqrt{\Delta X_{12}^2+\Delta Y_{12}^2}$$

$$\tan\alpha_{12}=\Delta Y_{12}/\Delta X_{12}$$

$$\alpha_{12}=\arctan\Delta Y_{12}/\Delta X_{12}$$

由公式计算出来的方位角只是反正切函数的主值 α'，还需要根据坐标增量的符号关系，换算出最后的坐标方位角 α。

3. 由观测角推算直线的坐标方位角

前面在坐标正算时，是假设已经知道了两点之间的坐标方位角，然而坐标方位角并不是

直接观测出来的结果，而是通过观测两条直线间的水平角和已知其中一条直线的坐标方位角进行推算得出的。

如图 8-8 所示，直线 12 的坐标方位角 α_{12} 已知，且观测了直线 12 和直线 23 之间的水平角 β_2，那么怎么推算直线 23 的坐标方位角 α_{23} 呢？

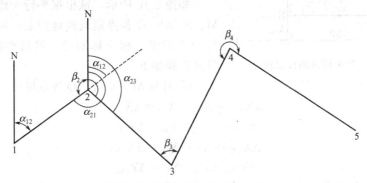

图 8-8　坐标方位角的推算方法

由图 8-8 可以直观看出，直线 12 的反方位角 $\alpha_{21}=\alpha_{12}+180°$，再加上 β_2 后超过了 $360°$，如果减去 $360°$，余下的角度恰好就是直线 23 的坐标方位角，即：

$$\alpha_{23}=\alpha_{12}+180°+\beta_2-360°$$

简化后得

$$\alpha_{23}=\alpha_{12}+\beta_2-180°$$

直线 23 的坐标方位角计算出来后，加之 3 点、4 点的水平角 β_3、β_4 也已测量出来，按照同样的方法，就可以依次计算出直线 34、直线 45 的坐标方位角了。这样，可以用一个通用的计算表达式来说明坐标方位角的计算公式：

$$\alpha_{jk}=\alpha_{ij}+\beta_j-180°$$

式中　i、j、k——图 8-9 中所示的地面点位名称。

考虑到实际计算时，会有加上水平角 β 后并不超过 $360°$ 的情况，也就是不需要减去 $360°$，所以公式中仍然为 $+180°$，综合以上两种情况，该计算式可以表达为：

$$\alpha_{jk}=\alpha_{ij}+\beta_j\pm180°$$

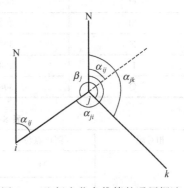

图 8-9　坐标方位角推算的通用概述

第四节　地面点平面位置的基本测量方法

1. 直角坐标法

直角坐标法是通过在相互垂直的两个方向上测设距离来定出点位的一种点位测设方法，它是测设距离和测设直角相互结合的操作方法。

知识小贴士

直角坐标法。直角坐标法测设点位的优点是：计算简便，实测方便；缺点是：安置一次经纬仪只能测设 90°方向上的点位，故只适用于矩形布置的场地和矩形建筑物的定位放线。

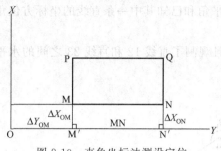

图 8-10　直角坐标法测设定位

在施工现场已经具有矩形控制网或相互垂直的控制主轴线，且要测设的建筑物与这些轴线恰好又构成垂直或平行的关系时，可以采用直角坐标法进行点位测设。

如图 8-10 所示，欲根据平行于建筑物的 Y 轴将 M、N、P、Q 各点测设到地面上，可先计算出各点与 O 点的纵、横坐标增量，然后再据此测设各点。具体步骤如下。

① 计算 M、N、P、Q 各点与 O 点的坐标增量：

$$\Delta X_{OM} = X_M - X_O = \Delta X_{ON}$$

$$\Delta Y_{OM} = Y_M - Y_O = \Delta Y_{OP}$$

$$\Delta X_{OP} = X_P - X_O = \Delta X_{OQ}$$

$$\Delta Y_{ON} = Y_N - Y_O = \Delta Y_{OQ}$$

各点的已知坐标或设计坐标列于表 8-1 中，它们的测设数据可参照表 8-2 的形式予以计算和列出。

表 8-1　控制点及测设点的坐标

点名	已知或设计坐标值/m		备注
	X	Y	
O	3000	5000	控制点
M	3020	5045	测设点
N	3020	5120	
P	3060	5045	
Q	3060	5120	

表 8-2　直角坐标法测设数据计算列表

相对原点	测设点位	ΔX/m	ΔY/m	备注
O	M	20	45	
	N	20	120	
	P	60	45	
	Q	60	120	

② 将经纬仪安置在 O 点进行对中和整平，后视 OY 方向，并指挥沿此方向测设距离 $\Delta Y_{OM} = 45$m，定出 M′点；测设距离 $\Delta Y_{ON} = 120$m（或从 M′点起测设距离 MN=75m），定出 N′点。

③ 将经纬仪迁至 M′点安置，以 Y 方向作为后视翻转 90°（即逆时针测设直角），在此方向上测设距离 $\Delta X_{OM} = 20$m，定出 M 点；测设距离 $\Delta X_{OP} = 60$m（或从 M 点起测设距离 MP=40m），定出 P 点。

④ 再将经纬仪迁至 N′点安置，以 O 点为后视旋转 90°，在此方向上测设距离 $\Delta X_{ON} = 20$m，定出 N 点；测设距离 $\Delta X_{OQ} = 60$m（或从 N 点起测设距离 NQ=40m），定出 Q 点。

⑤ 进行校核。实测 MN=PQ=75m（对边相等）、MQ=NP（对角线相等）。

在测设时应当注意，尽量以长边作为后视测设短边，这样误差可以小些。

2. 极坐标法

极坐标法是根据测设数据从某一起始方向开始测设水平角度获得点位所在的方向，并沿这个方向测设距离而得到点位的一种测设方法，它是将测设水平角度和测设水平距离两项操作相互结合的操作方法。可以说，每一个点对应着一个角度和一段距离。

在建筑物与控制轴线的关系比较任意（既不平行也不垂直）的情况下，宜采用极坐标法进行点位的测设。

知识小贴士

极坐标法。 极坐标法测设点位的优点是：安置一次经纬仪可以测设多个点位，适用性广泛，可对各种形状的建筑物进行定位，测设效率较高。缺点是：测设数据的计算工作量较大。

如图 8-11 所示，A、B 为坐标已知的控制点，P、Q、R、S 为已知设计坐标值的欲测设建筑物点位，各点坐标列于表 8-3 中。

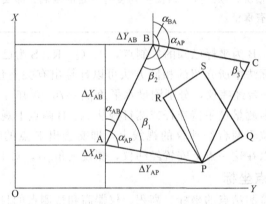

图 8-11 角度交会法测设定位示意图

表 8-3 控制点及测设点的坐标

点名	已知或设计坐标值/m		备注
	X	Y	
A	3020.00	5050.00	控制点
B	3070.00	5075.00	
P	3012.00	5110.00	测设点
Q	3024.50	5131.65	
R	3046.64	5090.00	
S	3059.14	5111.65	

这里以测设其中的 P 点为例，说明极坐标法测设的方法及步骤。

首先根据 A、B、P 各点坐标计算测设元素夹角 β 和边长 D_{AP}。计算方法如下。

（1）反算各边方位角 根据 A、B、P 各点坐标，求出坐标增量：

$$\Delta X_{AB} = X_B - X_A$$

$$\Delta Y_{AB} = Y_B - Y_A$$
$$\Delta X_{AP} = X_P - X_A$$
$$\Delta Y_{AP} = Y_P - Y_A$$

根据反正切函数定义，求出坐标方位角：

$$\alpha_{AB} = \arctan(\Delta X_{AB}/\Delta Y_{AB})$$
$$\alpha_{AP} = \arctan(\Delta Y_{AP}/\Delta X_{AP})$$

（2）计算夹角   由 AB、AP 两边的坐标方位角计算夹角：$\beta = \alpha_{AP} - \alpha_{AB}$

（3）计算边长   依据勾股定理，计算边长：$D_{AP} = \sqrt{\Delta X_{AP}^2 + \Delta Y_{AP}^2}$

3. 角度交会法

角度交会法也称为方向交会法，是利用经纬仪同时测设出两个或两个以上已知角度的终边方向，通过这些方向相互交会而定出点位的一种测设方法。

知识小贴士

　　　　角度交会法。角度交会法测设点位的优点是：不用量边，适用于距离较长、地形较复杂、量距不便的情况；缺点是：对交会角度有一定的限制，即交会角度在 30°～120° 之间时，点位测设的精度才会有保证。

如图 8-11 所示，A、B 为坐标已知的控制点，P、Q、R、S 为已知设计坐标的欲测设建筑物点位。按照与极坐标法中所介绍的相同方法可以计算出有关夹角 β。以测设 P 点为例，在 A、B 两点上各安置一台经纬仪，分别测设水平角 $\beta_1 = 70°30'46''$、$\beta_2 = 55°40'26''$，得出 P 点所在的方向；再由一名测量员手持花杆或测钎服从 A、B 两点上观测员的指挥，前后、左右移动，直至满足同时位于两台经纬仪的视线上，即交会出 P 点的位置。如果现场具有第三个已知控制点，还可以在这一点上安置经纬仪，测设夹角 β_3，对 P 点的位置进行校测。

4. 全站仪测空间点坐标

全站仪坐标测量是将测站点的坐标、高程、仪器高和待测点的目标输入仪器，直接测定未知点的坐标和高程。

用全站仪进行坐标测量的步骤如下。

① 在一个已知点安置仪器作为测站点，在目标点上架设棱镜。

② 设定测站后视点的坐标，设定后视方向的水平度盘读数为其方位角。当设定后视点的坐标时，全站仪会自动计算后视方向的方位角，并设定后视方向的水平度盘读数为其方位角。

③ 照准目标点，输入目标点的棱镜高、仪器高、测站点坐标数值。

④ 按坐标测量键，全站仪开始测距并计算显示测点的三维坐标。

第九章

建筑工程控制测量

第一节　测量前的必要准备工作

施工测量是为施工过程提供的各项测量工作，是设计与施工之间的桥梁，贯穿于整个施工过程的始终。施工测量包括施工场地控制网的建立、场地平整测量、建筑物的定位放线与抄平、多层建筑物的竖向轴线投测和高程传递、设备安装测量、竣工测量和变形测量等。

施工测量结果的好坏、进行得及时与否，将直接影响到整个建设工程的质量和进度。因此，认真做好施工测量之前的各项准备工作是保证施工测量能够及时、准确进行的前提。

一、了解设计意图，识读和校核图纸

按照程序，设计单位和建设单位（甲方）要向施工单位（乙方）进行设计交底。作为测量人员要通过设计交底，了解工程全貌和主要设计意图，并重点了解施工现场情况和定位条件等，同时还要认真识读施工图，核对主要建筑物的相互关系、轴线尺寸、地上地下高程等。

1. 施工图的识读

施工图是采用特定的投影方法和国家的统一绘图标准，将建筑物或构筑物的形状、尺寸、规格和材料等内容表达出来的一种专门的工程图样，也称设计图。施工图可分为建筑施工图，结构施工图，给、排水施工图，暖通施工图和电气施工图等类别。

 经验指导

　　施工图的校核。

　　① 建筑图校核：建筑图中要校核的主要是建筑物纵横轴线尺寸，建筑物的外围尺寸，首层高程（即±0.000），层高与总高，地下与地上各部尺寸。这些尺寸前后上下对应，不能有差错。

　　② 结构图校核：以建筑物定位轴线为依据，校核各墙、梁、板、柱、门窗、预留洞口及节点的尺寸。

施工图的识读方法可以概括为：先粗后细，从大到小；自下而上，轴线起始；相关图纸，相互对照；阅读说明，熟悉符号；细致耐心，认真思考。

施工图的识读一般可按表 9-1 的步骤进行。

表 9-1 施工图识读的步骤

步骤	主要内容
依照目录,查对图纸	根据图纸目录,逐一概略阅读,从中判断是否存在缺图
粗览全图,了解情况	通过对图纸的大致阅读,了解工程的性质、规模及其用途或功能等,了解工程所处地理位置、周边环境及现有建筑,了解给定的工程定位依据和条件
对照阅读,记录重点	对于同一部位的不同图纸(平面、立面、剖面及基础图),要根据图名或轴线编号采用相互对照阅读的方法,检查彼此轴线和尺寸关系的是否一致
图纸会审,提出修改	必要时召开由设计方、甲方和施工方共同参加的图纸会审会,对于图纸中存在的问题提出修改意见

2. 施工图的尺寸校核

施工图的尺寸校核包括以下三个方面的内容。

(1) 定位依据和定位条件的校核 作为建筑物定位的依据必须是非常明确的,通常有以下三种情况:

① 城市规划部门给定的测量平面控制点,多用于大型新建工程;

② 城市规划部门给定的建筑红线,多用于一般新建工程;

③ 四廓规整的永久性建筑物或构筑物、道路中心线,多用于现有建筑物的改建、扩建工程。

而定位条件则应该合理、充分,是能够唯一确定建筑物位置的几何条件,通常为确定建筑物上的一个点位和一条边的方向。这两个条件少一个就无法定出,多一个则产生矛盾。因此,对定位依据和定位条件的校核,就是要判断依据是否明确,条件是否充分且必要。

(2) 总平面图上几何尺寸的校核 几何尺寸的校核主要是针对建筑物外廓轴线尺寸是否满足几何形状的基本条件进行的,它是根据几何形状的不同而采取相应的校核方法。

① 矩形的校核。对于矩形图形,依据对边相等的原则进行校核。首先校核总平面图上建筑物的外廓边界总尺寸与对应各细部轴线间尺寸之和是否相等,然后校核对应的两个外廓边界 (对边) 尺寸是否相等。

② 多边形的校核。多边形有正多边形和任意多边形之分。正多边形主要校核其内角和是否等于 $(n-2) \times 180°$ (n 为多边形的边数),而任意多边形图形,首先校核其内角和,其次还要校核其边长尺寸是否闭合。校核边长尺寸时,可以采用将多边形演化为 $(n-2)$ 个三角形,即从其中任意一个角点向不相邻的角点进行连线。

③ 圆形或圆弧形的校核。在圆形或圆弧形图形中,可以利用圆曲线要素计算公式计算出有关数值与对应的已知数值进行比较来判断给定的数据是否有误。

(3) 各种图纸之间的尺寸校核 图纸之间的尺寸校核主要是针对各种图纸上相互关联或对应部位的尺寸对应性及一致性的校核,具体步骤及内容如下。

① 校核上、下楼层的轴线关系,看是否有变化以及相关图样中同一部位的关系是否相符。

② 校核有关各个平面的高差关系,看室内、外地面高程,走道、大门室外台阶、卫生间、楼梯平台等处高程关系是否正确。

③ 在进行立面图的校核时,要对照平面图检查各立面图的轴线编号与平面图是否一致,

结合建筑物构造检查有关高程、立面尺寸与相关图纸是否相符。

④ 在进行剖面图的校核时，要根据平面图中标明的剖切位置和剖切方向，校核剖面图的轴线编号、剖切位置及方向是否相符、校核尺寸、高程是否与平面图及立面图一致。

⑤ 在进行基础图的校核时，要对照基层平面图和建筑外墙大样图校核纵向、横向轴线尺寸、墙厚、墙与轴线的关系、管沟走向以及室内外地面高程等，查看预留孔洞的位置、尺寸和高程是否正确，校核构件类型和数量表与图上表示是否相符。

二、校核测量仪器、工具

在施工测量工作中，要想得到符合测量精度要求的测量成果，对于所使用的测量仪器、工具，除了按照国家有关法律法规的要求必须进行定期检定外，在检定周期以内还应每2～3个月对仪器的主要轴线关系进行一次自检。

1. 水准仪

主要检校其四条主要轴线的两个平行关系，即圆水准轴平行于竖轴（$L'L' /\!/ VV$）、水准管轴平行于视准轴（$LL /\!/ CC$，又称为 i 角误差），其中要求将 i 角误差校正至 $\pm10''$ 之内。当使用自动安平水准仪时，也应对其 i 角误差进行检校。

2. 经纬仪

主要检校其四条主要轴线的三个垂直关系，即水准管轴垂直于竖轴（$LL \perp VV$）、视准轴垂直于横轴（$CC \perp HH$）、横轴垂直于竖轴（$HH \perp VV$）。检校时，先检校 $LL \perp VV$，并校正至误差小于 $r/4$（r 为水准管分划值）；再进行 $CC \perp HH$ 的检校，这项是经纬仪检校的重点，要求校正至 $2C$（即 CC 不垂直于 HH 误差的两倍）在 $\pm12''$ 之内。一般情况下，$HH \perp VV$ 的关系可以只做检验，不做校正，但在高层、超高层建筑施工测量中，必须进行校正，以保证竖向投测的精度。除了轴线关系的检校以外，对中设备也应该进行检校。

3. 钢尺

钢尺必须按照检定周期进行检定，这是一项十分重要的工作，尤其是使用于精度要求较高的工程。

三、校核红线桩、水准点

红线桩、水准点作为建筑物平面位置和高程的定位依据之一，必须进行校核，这是保证定位放线测量工作质量的基础。

1. 校核红线桩

红线桩是建筑红线的地面标志，而建筑红线是由城市规划部门批准并在实地测定的具有法律作用的建设用地边界线。

红线桩是按照城市测量规范测定的，其精度一般较高，但常因各种原因有可能造成桩位的碰动。为了防止红线桩的错误使用，在进行建筑物定位之前应该会同建设单位一起对红线桩进行校核，如果发现错误或误差超限时，应提请建设单位予以解决。在施工过程中还要认真加以保护，以便其能够正常发挥作为建筑物定位和工程质量验收的依据作用。校核红线桩的方法步骤如下。

① 利用设计图上的红线桩坐标，通过坐标反算的方法计算其边长和夹角。

② 实地测量红线边的边长及其左夹角。按照相应的精度要求，通过距离测量和角度测量得出红线边的边长及其左夹角的观测结果。

③ 将对应的边长和角度观测值与计算值进行比较，如果差值在视定的范围之内，即可认为红线桩的位置和坐标数据是正确无误的。

2. 校核水准点

水准点的校核采用附合水准测法实地校测建设单位提供的水准点之间的高差，如果超出规定范围也应提请建设单位予以解决。

四、制定测量放线方案

测量放线方案是在施工开始之前，根据施工现场的具体情况和工程设计要求，针对测量放线工作制定的一套完整的测量放线方法和计划预案。它是顺利开展测量放线工作、指导施工、实现设计精度和工期计划的重要保证。

测量放线方案一般包含以下内容：

① 工程概况；

② 工程对施工测量的基本要求；

③ 场地平整测量的方法；

④ 定位依据的校核；

⑤ 场区控制网的测设与保护；

⑥ 建筑物定位放线与基础施工测量；

⑦ 高层建筑的竖向轴线投测与高程传递方法；

⑧ 特殊工程、装饰与设备安装测量；

⑨ 竣工测量与变形观测的方法和措施；

⑩ 施工测量工作的组织与管理。

测量放线方案是施工组织设计的一个组成部分，一经有关领导审批，就应严格落实。

五、其他相关准备

除了前述应准备水准仪、经纬仪、钢尺之外，还需配备函数型计算器、弹簧秤（又称拉力计）、记录手簿及铅笔、木桩或铁桩、小钉、毛笔、油漆以及斧、锯、锤、钻等工具，做到有备无患。

第二节　编制测量施工方案

施工测量方案是工程质量预控、全面指导施工测量的指导性文件。一般在施工方案中，测量方案被列为第一项内容，是将图纸的资料转化为实物的第一项工作，因此，施工测量方案的制订至关重要，必须全面考虑，整体控制，制定既符合实际又切实可行的方案。

一、施工测量方案编制的准备

1. 了解工程设计

包括工程性质、特点、规模，甲方、监理、设计对测量的要求。

2. 了解施工安排

包括施工准备、施工安排、场地布置、施工方案、施工段划分、开工顺序与进度安排等。了解各道工序对测量的要求，了解测量放线、验线的管理体系。

3. 了解现场情况

包括工程对原有建筑、地下建筑以及周边建筑的影响，是否需要检测等。

二、施工测量方案编制的基本原则

与控制测量相似，必须遵循一定的原则，否则，难以实现测量对施工应起到的作用。

1. 整体控制局部

这是一切测量工作的通则，否则，将导致测量误差超限、建筑位置不准，会影响整体的规划效果。

2. 高精度控制低精度

不同等级的测量必须配备不同等级的仪器和工具，逐级控制才能确保施测精度。

3. 长控短

长方向、长边控制短方向、短边。

4. 坚持测量仪器校检

全站仪、经纬仪、水准仪、钢尺等均属强检类仪器，为了保证测量的精度，必须坚持定期校检。

三、测量施工方案内容

① 测量施工方案的内容包括：工程概况、工程名称、工程所属单位、施工单位；工程地理位置；建筑面积、层数与高度；结构类型、平面与立面、室内外装饰；工程特点、施工工期等。

工程概况包括如下所示几方面的内容：

a. 场地的面积、地形情况；

b. 工程总体布局，建筑平面布置形状及特点、建筑的总高度等；

c. 与施工测量有密切关系的各种平面或高程控制点起始数据；

d. 建筑的结构类型、占地面积、地下地上结构层数；

e. 工程的毗邻建筑及周围环境情况；

f. 施工工期与施工方案要点。

② 任务要求及场地、建筑物与建筑红线的关系，定位条件、设计施工对测量精度与进度要求。

③ 施工测量技术依据、测量方法和技术要求、有关技术规程、技术方案等，所使用的测量仪器工具、作业方法和技术要求。

④ 起始依据点的检测平面控制点或建筑红线桩点、水准点等检测情况（包括检测方法与结果）。

⑤ 建筑物定位放线、验线与基础及±0.000以上施工测量建筑物走位放线与主要轴线控制桩、护坡桩、基桩的定位与监测；基础开挖与±0.000以下各层施工测量；基层、非标准层与标准层的放线、竖向控制与标高传递以及由哪一级验线与验线的内容。

⑥ 安全质量保证体系与具体措施，施工测量组织、管理、安全措施、质量监控、质量分析与处理等。

⑦ 成果资料整理与提交，包括成果资料整理的标准、规格，提交的手续方法等。

四、建筑小区、大型复杂建筑物、特殊建筑工程施工测量方案编制的内容

由于建筑小区、大型复杂建筑物及特殊建筑工程占地规模较大，施工场地内的道路以及地上地下设施较多，建筑物及装饰、安装复杂等因素，要求在上述三项内容的基础上，根据工程的实际情况增加下列相关内容。

1. 场地准备测量

根据建筑设计总平面图和施工现场总平面布置图，确定拆迁次序与范围，测定需保留的原有地下管线、地下建（构）筑物与名贵树木的树冠范围，进行场地平整与暂设工程定位放线等工作内容。

2. 场区控制网测量

按照便于施工、控制全面、安全稳定的原则，设计和布设场区平面控制网与高程控制网。

知识小贴士

　　场地准备测量。场地准备测量是为后续测量工作奠定基础。主要内容包括：
　　① 根据设计总平面图与施工现场总平面图，确定拆迁范围与次序；
　　② 测定需要保留的地下管线、建筑、名贵树木等；
　　③ 场地平整测量。
　　现场控制网的建立。场区控制网的建立对建筑施工起控制作用。
　　① 原则：根据施工场地的情况、设计与施工要求，按照便于施工、控制全面、长期保留的原则；
　　② 建立平面控制网：根据工程地的地形情况，采用适合的控制网形式；
　　③ 建立高程控制网：按照精度要求建立，注意水准点要保护好。

3. 装饰与安装测量

会议室、大厅、外饰面、玻璃幕墙等室内外装饰测量；电梯、旋转餐厅、管线等安装测量。

4. 竣工测量与变形测量竣工图的编绘

竣工测量与变形测量竣工图的编绘由各单项工程竣工测量；根据设计与施工要求提出的变形观测项目和要求，设计变形观测方案包括布设观测网、观测方法、技术要求、观测周期、成果分析等。

第三节 场地平面控制测量

1. 平面控制测量的常用方法

平面控制测量常用的方法，通常有三角测量、导线测量、交会法定点测量，随着全球定位系统技术的推广，利用技术进行控制测量也已广泛应用。

2. 控制网

在测量区域内选择若干有控制意义的控制点，这些点按一定的规律和要求构成的网状几

何图形，称为测量控制网。

3. 国家控制网

在全国范围内建立的控制网，称为国家控制网。它是全国各种比例尺测图的基本控制，并为确定地球的形状和大小提供研究资料。国家控制网是用精密测量仪器和方法依照施测精度按一等、二等、三等、四等四个等级建立的，它的低级点受高级点逐级控制。

> **知识小贴士**
>
> 平面控制网的布网原则：控制网中应包括作为场地定位依据的起始点和起始边、建筑物的主点和主轴线；要在便于施测、使用和长期保存的原则下，尽量组成四周平行于建筑物外廓的闭合图形或矩形，以便于进行闭合校核；控制轴线的间距以 30～50m 为宜，控制点之间应相互通视、易于测量。

4. 利用三角控制网进行测量

首先，在地面上选定一系列点位 1，2，…使互相观测的两点通视，把它们按三角形的形式连接起来即构成三角网。如果测区较小，可以把测区所在的一部分椭球面近似看作平面，则该三角网即为平面上的三角网（图 9-1）。三角网中的观测量是网中的全部（或大部分）方向值，图 9-1 中每条实线表示相对观测的两个方向。根据方向值即可算出任意两个方向之间的夹角。

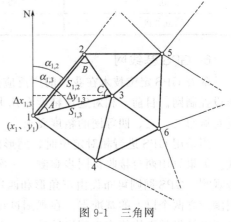

图 9-1　三角网

若已知点 1 的平面坐标 $(x_1，y_1)$，点 1 至点 2 的平面边长 $S_{1,2}$，坐标方位有 $a_{1,2}$ 便可用正弦定理依次推算出所有三角网的边长、各边的坐标方位角和各点的平面坐标。

以图 9-1 为例，测定点 3 的坐标可按下式确定：

$$S_{1,3}=S_{1,2}\times \sin B/\sin C$$
$$\alpha_{1,3}=\alpha_{1,2}+A$$
$$\Delta x_{1,3}=S_{1,3}\cos \alpha_{1,3}$$
$$\Delta y_{1,3}=S_{1,3}\sin \alpha_{1,3}$$
$$x_3=x_1+\Delta x_{1,3}$$
$$y_3=y_1+\Delta y_{1,3}$$

即由已知的 $S_{1,2}$、$\alpha_{1,2}$、x_1、y_1 和各角观测值的平均值 A、B、C 可推算求得 x_3、y_3，同理可一次求得三角网中其他各点的坐标。

通常，三角网的起算数据包括一个点的坐标、一条边的长度和一条边的方位角，或与此等价的两个点的坐标。

当三角网中没有或仅含有必要的一套起算数据，称为独立网，如图 9-2 所示。

图 9-2 为相邻两三角形中插入两点的典型图形。A、B、C 和 D 都是高级三角点，其坐标、两点间的边长和坐标方位角都是已知的，P、Q 为待测定点。

当三角网中具有多于必要的一套起算数据时，则称为非独立网，也称附合网，如图 9-3 所示。

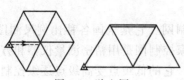
图 9-2　独立网

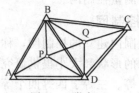
图 9-3　附合网

5. 小区域平面控制网和图根平面控制网

小区域平面控制网是指为了满足小区域测图和施工需要而建立的平面控制网，小区域平面控制网亦应由高级到低级分级建立。最低一级的即直接为测图而建立的控制网，称为图根控制网。最高一级的控制网称为首级控制网。首级控制网与图根控制网的关系见表 9-2。

表 9-2　首级控制网与图根控制网的关系

测区面积/km²	首级控制网	图根控制
2～15	一级小三角或一级导线	两级图根
0.5～2	二级小三角或二级导线	两级图根
0.5 以上	图根控制	—

6. GPS 基线网

随着 GPS 定位技术在我国的广泛应用，许多大中城市勘测院及工程测量单位开始用它布设控制网。目前，相对定位精度在几十千米的范围内可达 1/500000～2/1000000，可以满足对城市二、三、四等网的精度要求。

当采用 GPS 进行相对定位时，网形的设计在很大程度上取决于接收机的数量和作业方式。如果只用两台接收机同步观测，一次只能测定一条基线向量。如果能由三四台接收机同步观测，GPS 网则可布设由三角形和四边形组成的网形。使用 GPS 网测设时，可以在网的周围设立两个以上的基准点。在观测过程中，这些基准点上始终没有接收机进行观测。取逐日观测结果的平均值作为测设结果，可提高这些基线的精度，并以此作为固定边来处理全网的成果，提高全网的精度。

第四节　场地高程控制测量

1. 高程控制测量

高程控制测量就是在测区布设一批高程控制点，即水准点，用精确的方法测定它们的高程，从而构成高程控制网，再根据高程控制网确定地面点的高程。

测量高程同样要遵循"从整体到局部"的测量原则。

2. 国家高程控制测量

国家高程控制测量是指用精密水准测量方法建立起国家高程控制网（也称国家水准网），再根据国家高程控制网确定地面的高程。

3. 国家高程控制网的等级

国家高程控制网分为一等、二等、三等、四等 4 个等级。

① 一等国家高程控制网是沿平缓的交通路线布设成周长约 1500km 的环形路线。一等

水准网是精度最高的高程控制网，它是国家高程控制的骨干，同时也是地学科研工作的主要依据。

② 二等国家高程控制网是布设在一等水准环线内，形成周长为 500～750km 的环线。它是国家高程控制网的全面基础。

③ 三等、四等级国家高程控制网直接为地形测图或工程建设提供高程控制点。三等水准一般布置成附合在高级点间的附合水准路线，长度不超过 200km。四等水准均为附合在高级点间的附合水准路线，长度不超过 80km。

4. 图根高程控制测量

图根高程控制测量是指测量图根平面控制点高程的工作。它是在国家高程控制网或地区首级高程控制网的基础上，采用图根水准测量或图根三角高程测量来进行的。

图根国家高程控制测量常采用一般水准测量方法。水准路线沿图根点布设，并起闭于高级水准点上，形成附合水准路线或闭合水准路线。测量时所有图根点应作为水准路线上的转点，以保证图根点高程得到验核。

5. 布网原则

① 在整个场区内的各主要幢号附近设置 2～3 个高程控制点或±0.000 水平线标志。

② 高程控制点的相互间距宜在 100m 左右。

③ 高程控制点应采用附合或闭合的水准路线构成具有校核条件的场地高程控制网。

6. 精度要求

在建立高程控制网时，水准观测的高差闭合差应符合四等水准的精度要求，当工程对高程精度有更高要求时，高差闭合差应符合三等水准的精度要求，各等级技术指标见表 9-3。

表 9-3　场地高程控制网的主要技术指标

等级	使用仪器	水准标尺	观测次数	闭合差/mm	
				平地	山地
三等	DS$_3$	3m 双面	往返测一次	≤±12$\sqrt{L}$	≤±4$\sqrt{L}$
四等	DS$_3$	3m 双面	往测一次	≤±20$\sqrt{L}$	≤±6$\sqrt{L}$

注：L 为附合路线或闭合路线长度，以 km 计。

7. 测法

要将已知高程引测到场地内，应从设计给定的一个水准点开始，按附合水准路线联测各幢号水准点或±0.000 水平线后，结束到另一个给定的水准点上进行校核。如果精度合格，应按与测站数或线路长度成正比例的原则分配高差闭合差。若建设单位只给定一个水准点（应尽量避免这种情况），则应采用闭合测法或往返测法进行校核，但施测以前必须对水准点高程数据做严格的审核。

经验指导

水准点。施工场地内，水准点的密度应为每 100m 左右一个，如果是单独建筑，则应不少于两个水准点，临时水准点要埋设在施工影响范围之外。水准路线最好改成附合路线，以便校核，观测精度要满足四等水准的要求。

8. 高程控制网桩位的保护

高程控制网桩位作为施工现场确定高程的依据，也应妥善保护，首先桩位的设立需要牢固、稳定，如采用埋设钢桩浇筑混凝土固定等；其次设立明显警示标志，防止受到损坏。对于设立的高程控制网经自检及相关技术部门和监理单位检测合格以后，方可正式使用。施工期间每季度还需复测校核一次，以保证高程的正确性。

第五节　场地导线网控制测量

一、导线网的技术要求与布设形式

导线网的布设形式在通视条件较差的地区，平面控制大多采用导线测量。导线测量是在地面上按照一定的要求选定一系列的点（导线点），将相邻点连成直线而形成的几何图形，导线测量是依次测定各折线边（导线边）的长度和各转折角（导线角），根据起算数据，推算各边的坐标方位角，从而求出各导线点的坐标。

1. 闭合导线

如图 9-4 所示，从已知控制点 A 和已知方向 BA 出发，经过 1、2、3、4，最后仍回到起点 A，形成一个闭合多边形。闭合导线本身存在着严密的几何条件，具有检核作用。

2. 支导线

由一已知点和已知方向出发，既不附合到另一已知点，又不回到原起始点的导线。支导线缺乏必要的检核条件，因此，导线点一般不允许超过两个，如图 9-5 所示，B 为已知控制点。

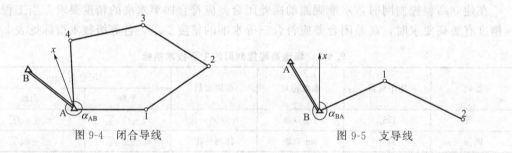

图 9-4　闭合导线　　　　　　　　　　图 9-5　支导线

3. 附合导线

如图 9-6 所示，导线从已知控制点 B 和已知方向出发，经过 1、2、3 点，最后附合到另一已知点和已知方向上，这样的导线称为附合导线。这种布设形式，具有检核观测成果的作用。

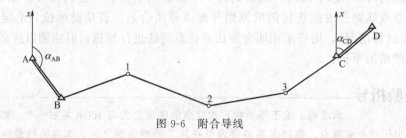

图 9-6　附合导线

二、导线网的外业工作

1. 导线网的布设

导线网的布设应符合如下规定。

① 导线网用作测区的首级控制时，应布设成环形网，且宜联测 2 个已知方向。

② 加密网可采用单一附合导线或结点导线网形式。

③ 结点间或结点与已知点间的导线段宜布设成直伸形状，相邻边长不宜相差过大，网内不同环节上的点也不宜相距过近。

2. 勘选点及建立标志

（1）选点的基本准则　选点的基本原则主要有以下几点。

① 点位应选在土质坚实、稳固可靠、便于保存的地方，视野应相对开阔，便于加密、扩展和寻找。

② 相邻点之间应通视良好，其视线距障碍物的距离：三、四等不宜小于 1.5m；四等以下宜保证便于观测，以不受折光影响为原则。

③ 当采用电磁波测距时，相邻点之间视线应避开烟囱、散热塔、散热池等发热体及强电磁场。

④ 相邻两点之间的视线倾角不宜过大。

⑤ 应充分利用旧有控制点。

首先要根据测量的目的、测区的大小以及测图比例尺来确定导线的等级，然后再到测区内踏勘，根据测区的地形条件确定导线的布设形式，还要尽量利用已知的成果来确定布点方案。

（2）选点时应注意的技术要求　选点时应注意的技术要求如下。

① 相邻导线点间应通视良好，以便测角、量边。

② 点位应选在土质坚硬、便于保存标志和安置仪器的地方。

③ 视野开阔，便于碎部测量和加密图根点。

④ 导线边长应均匀，避免较悬殊的长边与短边相邻。

⑤ 点位分布要均匀，符合密度要求。

3. 水平角测量

水平角测量应满足以下规定。

① 水平角观测宜采用方向观测法，并符合以下的规定。

a. 当观测方向不多于 3 个时，可不归零。

b. 当观测方向多于 6 个时，可进行分组观测。分组观测应包括两个共同方向（其中一个为共同零方向），其两组观测角之差不应大于同等级测角中误差的 2 倍。分组观测的最后结果应按等权分组观测进行测站平差。

c. 水平角的观测值应取各测回的平均数作为测站成果。

d. 各测回间应配置度盘。

② 水平角观测误差超限时，应在原来度盘位置上重测，并应符合以下的规定。

a. 一测回内 $2c$ 互差或同一方向值各测回误差超限时，应重测超限方向，并联测零方向。

b. 下半测回归零差或零方向的 $2c$ 互差超限时，应重测该测回。

c. 若一测回中重测方向数超过总方向数的 1/3 时，应重测该测回。当重测的测回数超过总测回数的 1/3 时，应重测该站。

③ 水平角观测的测站作业，应符合如下的规定。

a. 仪器或反光镜的对中误差不应大于 2mm。

b. 如受外界因素（如振动）的影响，仪器的补偿器无法正常工作或超出补偿器的补偿范围时，应停止观测。

c. 当测站或照准目标偏心时，应在水平角观测前或观测后测定归心元素。测定时，投影事物三角形的最长边，对于标石、仪器中心的投影不应大于 5mm。对于照准标志中心的投影不应大于 10mm。投影完毕后，除标石中心外，其他各投影中心均应描绘两个观测方向。角度元素应量至 15′，长度元素应量至 1mm。

经验指导

水平角观测过程中，气泡中心位置偏离正确中心宜超过 1 格。四等及以上等级的水平角观测，当观测方向的垂直角超过 ±3° 的范围时，宜在测回间重新整平。

4. 边长的测量

导线边长可用测距仪（或全站仪）直接测定，也可用钢尺丈量。测距仪或全站仪的测量精度较高。钢尺丈量时，应用检定过的钢尺按精密丈量方法进行往返丈量。

测距作业应符合下列规定。

① 测站对中误差和反光镜对中误差不应大于 2mm。

② 当观测数据超限时，应重测整个测回，如观测数据出现分群时，应分析原因，采取相应措施重新观测。

③ 四等及以上等级控制网的边长测量，应分别量取两端点观测始末的气象数据，计算时应取平均值。

④ 测量气象元素的温度计宜采用通风干湿温度计，气压表宜选用高原型空盒气压表；读数前应将温度计悬挂在离开地面和人体 1.5m 以外阳光不能直射的地方，且读数精确至 0.2℃；气压表应置平，指针不应滞阻，且读数精确至 50Pa。

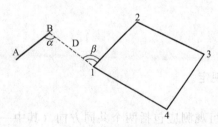

图 9-7 导线连测

⑤ 每日观测结束，应对外业记录进行检查。当使用电子记录时，应保存原始观测数据，打印输出相关数据和预先设置的各项限差。

5. 测定连接角或方位角

如图 9-7 所示，当导线需要与高级控制点或同级已知坐标点间接连接时，还必须测出连接角 α、β 和连接边 DB1，以便场地坐标方位角和 B 点的平面坐标。若单独进行测量时可建立独立的假定坐标系，需要测量起始边的方位角。方位角可采用罗盘仪进行测量。

三、闭合导线测量的内业计算

导线测量的内业计算是根据外业边长的测量值、内角或转折角观测值及已知起算数据或起始点的假定数据推算导线点坐标值。为了保证计算的正确性，首先应绘出导线草图，把检核后的外业测量数据及起算数据注记在草图上，并填写在计算表格中。

导线计算的目的是计算各导线点的坐标，计算的手段是相邻导线点的坐标增量，计算的重点是误差的分配，计算工作需要仔细认真。

内业计算分角度闭合差计算与调整、导线边坐标方位角的推算、相邻导线点之间的坐标增量计算、坐标增量闭合差的计算与调整、导线闭合坐标的计算等几个步骤进行。

第六节　建筑基线控制测量

一、建筑基线的布置

建筑基线是建筑场地的施工控制基准线，即在建筑场地布置一条或几条轴线，适用于建筑设计总平面图布置比较简单的小型建筑场地。

1. 建筑基线的布设形式

建筑基线的布设形式应根据建筑的分布、施工场地地形等因素来确定。常用的布设形式有"一"字形、"L"形、"十"字形和"T"形。

2. 建筑基线的布设要求

建筑基线的布设需要注意以下几点。

① 建筑基线应尽可能靠近拟建的主要建筑，并与其主要轴线平行，以便使用比较简单的直角坐标法进行建筑的定位。

② 建筑基线上的基线点应不少于三个，以便相互检核。

③ 建筑基线应尽可能与施工场地的建筑红线相连。

④ 基线点位应选在通视良好和不易被破坏的地方，为了能长期保存，要埋设永久性的混凝土桩。

二、建筑基线的测设

根据施工场地的条件不同，建筑基线的测设方法有以下两种不同形式。

1. 根据建筑红线测设

建筑基线由城市测绘部门测定的建筑用地界定基准线，称为建筑红线。在城市建设区，建筑红线可用作建筑基线测设的依据。

如图 9-8 所示，AB、AC 为建筑红线，1、2、3 为建筑基线点，利用建筑红线测设建筑基线的方法如下。

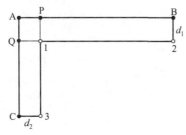

图 9-8　根据建筑红线测设建筑基线

① 从 A 点沿 AB 方向量 d_2 定出 P 点，沿 BC 方向量取 d_1 定出 Q 点。

② 过 B 点作 AB 的垂线，沿垂线量取 d_1 定出 2 点，做出标志；过 C 点作 AC 的垂线，沿垂线量取 d_2 定出 3 点，做出标志；用细线拉出直线 P3 和 Q2，两条直线的交点即为 1 点，做出标志。

③ 在 1 点安置经纬仪，精确观测∠213，其与 90°的差值应小于 ± 20″。

2. 根据附近已有控制点测设

建筑基线在新建筑区，可以利用建筑基线的设计坐标和附近已有控制点的坐标，用极坐标法测设建筑基线。如图 9-9 所示，A、B 为附近已有控制点，1、2、3 为选定的建筑基线点。

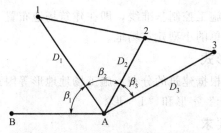

图 9-9　根据控制点测设建筑基线

测设方法如下：
① 根据已知控制点和建筑基线点的坐标，计算出测设数据 β_1、D_1、β_2、D_2、β_3、D_3；
② 用极坐标法测设 1、2、3 点。

与方格网类似，测设的基线点往往不在同一直线上，且点与点之间的距离与设计值也不完全相符，因此，需要校正。方法与方格网的校正方法相同。

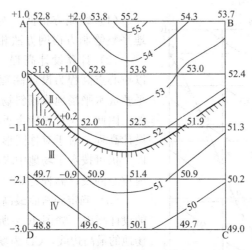

第十章

建筑工程施工测量

第一节 场地平整测量

一、方格网法计算土石方量

1. 设计面为水平面时的场地平整

图 10-1 为 1:1000 比例尺的地形图，面积为 40m×40m，现要平整成某一设计高程的水平场地并满足挖、填方量基本平衡的原则。因此，平整场地的关键问题是要在满足平整原则的前提下求出水平场地的设计高程，放出挖、填边界线及各点的挖、填高度，具体步骤如下。

（1）在地形图拟建场地内绘制方格网 方格网的边长取决于地形的复杂程度和土石方计算的精度，一般以 10m 或 20m 为宜。当采用机械施工时，可取 40m 或 100m，绘完方格后，进行排序编号。

图 10-1　设计面为水平面时的场地平整

> **知识小贴士** **场地平整。** 在建筑工程施工前，通常要对拟建地区的自然地貌进行改造，整理成水平或倾斜场地，使改造后的地貌适于布置建筑物、便于组织排水、满足交通运输和敷设地下管线的需要，这些改造地貌的工作称为场地平整。在地貌改造过程中，既要顾及土石方工程量的大小，又要遵循填方与挖方基本平衡的原则。场地平整通常有方格网法和断面法。

（2）计算设计高程　根据地形图上的等高线，用内插的方法求出每个方格的地面高程，填写在每个方格的右上方。

设计高程是指满足填挖方量基本平衡时的高程，可利用求加权平均值的方法计算设计高程，其一般计算公式为：

$$H_{设} = \sum (P_i \times H_i) / \sum P_i$$

式中　$H_{设}$——水平场地的设计高程；

H_i——方格点的地面高程；

P_i——方格点 i 的权，可根据方格点的位置在 1、2、3、4 中取值。

（3）绘制填、挖边界线　在地形图上根据等高线内插处高程为设计高程（51.8m）的曲线，这条曲线即为填、挖边界线（图 10-1 中带有断线的曲线），断线指向填方方向。

（4）计算填、挖高度　各方格点的填、挖高度为该点的地面高程与设计高程之差。即

$$h_i = H_i - H_{设}$$

式中，h_i 为正表示挖方；h_i 为负表示填方。将计算的数字注记在方格网点上的左上方。

（5）计算填、挖土石方工程量　挖（填）土石方工程量要分别计算，不得正负抵消。计算方法为

$$挖（填）方体积 = 挖（填）平均高度 \times 挖（填）对应面积$$

将全部方格的挖、填方量都计算出来后，按挖、填方量分别求和，即得总的挖、填土石方量。

2. 设计面为倾斜面时的场地平整

已知条件见图 10-1，根据地貌的自然坡降，平整从北到南、坡度为 8% 的倾斜场地，且要保证挖、填工程基本平衡。

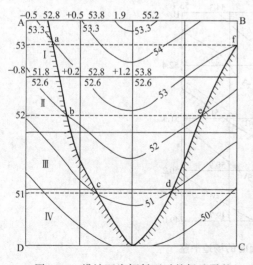

图 10-2　设计面为倾斜面时的场地平整

（1）绘制方格网　与设计面为水平面时的场地平整绘制方格网方法相同。

（2）计算设计高程　根据立体几何原理，若以重心点高程为设计高程（平均高程），则无论是平整成水平场地或倾斜场地，填、挖方量总是平衡的。因此，应首先确定重心点，再求出其高程作为设计高程。对于对称图形，重心点为图形中心。所以，仍可按水平场地中求设计高程的方法，求出场地重心的设计高程为 51.8m。

（3）确定倾斜面最高点格网线和最低点格网线的设计高程　如图 10-2 所示，按设计要求，AB 为场地的最高边线，CD 为场地的最低边线。已知 AD 边长为 40m，则最高边线与最低边线的设计高差为

$$h = 40 \times 8 \div 100 = 3.2（m）$$

由于场地重心（图形中心）的设计高程为 51.8m，所以，倾斜场地最高点和最低点的设计高程分别为

$$H_A = H_B = 51.8 + 3.2 \div 2 = 53.4(\text{m})$$

$$H_C = H_D = 51.8 - 3.2 \div 2 = 50.2(\text{m})$$

（4）确定填、挖边界线　沿 AD、BC 边线，根据最高边线（或最低边线）的设计高程内插出 51m、52m、53m 的平行等高线（图中虚线）；这些虚线即为 8% 倾斜场地上的设计等高线。设计等高线与实际等高线交点（图中 a、b、c、d、e、f 等）的连线即为填、挖边界线（绘有短线的曲线）。

（5）确定方格网点的填、挖高度　将实际等高线内插的方格点高程注记在方格右上方，根据设计等高线内插出的高程注记在方格右下方；用地面高程减去设计高程（即为填、挖高度）注记在方格点的左上方。

（6）计算填、挖土石方工程量　同水平场地部分。

二、断面法计算土方量

1. 土石方量的基本计算公式

土石方量的计算采用平均断面法。设 A_1，A_2 分别为两相邻断面的横断面面积（m²）；L 为两相邻断面的间距（m），即为两相邻断面的桩号里程之差；V 为两相邻断面间的土石方量（m³）。土石方量计算公式为

$$V = \frac{1}{2}(A_1 + A_2)L$$

2. 断面面积计算

断面面积的计算方法常有：积距法和坐标法。

坐标法计算面积精度较高，计算过程较为繁琐，宜采用计算机计算。

第二节　建筑施工定位放线

定位放线是根据设计给定的定位依据和定位条件或者据此建立的场地平面控制网将设计图纸上的建筑物或构筑物按照设计要求在施工场地上确定出实地位置，并加以标志的一项测量工作。它是确定建筑物平面位置的关键环节，是指导施工、确保工程位置符合设计要求的基本保证。

> 知识小贴士
>
> **定位放线。**① 定位放线的依据。建筑定位放线，当以城市测量控制点或场区平面控制点定位时，应选择精度较高的点位和方向为依据；当以建筑红线桩点定位时，应选择沿主要街道且较长的建筑红线边为依据；当以原有建筑或道路中线定位时，应选择外廓规整且较大的永久性建筑的长边（或中线）或较长的道路中线为依据。
>
> ② 建筑定位的方法选择应符合下列规定：建筑轴线平行定位依据，且为矩形时，宜选用直角坐标法；建筑轴线不平行定位依据，或为任意形状时，宜选用极坐标法；建筑距定位依据较远，且量距困难时，宜选用角度（方向）交会法；建筑距定位依据不超过所用钢尺长度，且场地量距条件较好时，宜选用距离交会法；使用全站仪定位时，宜选用坐标放样法。

一、建筑定位的基本方法

建筑四周外廓主要轴线的交点决定了建筑在地面上的位置，称为定位点，或角点。建筑的定位是根据设计条件，将定位点测设到地面上，作为细部轴线放线和基础放线的依据。由于设计条件和现场条件不同，建筑的定位方法也有所不同，以下为三种常见的定位方法。

（1）根据控制点定位　如果待定位建筑的定位点设计坐标已知，且附近有高级控制点可供利用，可根据实际情况选用极坐标法、角度交会法或距离交会法来测设定位点。在这三种方法中，极坐标法是用得最多的一种定位方法。

（2）根据建筑方格网和建筑基线定位　如果待定位建筑的定位点设计坐标已知，并且建筑场地已设有建筑方格网或建筑基线，可利用直角坐标系法测设定位点，过程如下。

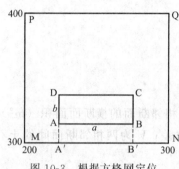

图 10-3　根据方格网定位

① 根据坐标值可计算出建筑的长度、宽度和放样所需的数据。如图 10-3 所示，M、N、P、Q 是建筑方格网的四个点，坐标位于图上，ABCD 是新建筑的四个交点，坐标为：

A(316.00,226.00)，　　B(316.00,268.24)

C(328.24,268.24)，　　D(328.24,226.00)

很容易计算得到新建筑的长宽尺寸：

$a = 268.24 - 226.00 = 42.24(m)$；$b = 328.24 - 316.00 = 12.24(m)$

② 按照直角坐标法的水平距离和角度测设的方法进行定位轴线交点的测设，得到 A、B、C、D 四个交点。

③ 检查调整。实际测量新建筑的长宽与计算所得进行比较，满足边长误差≤1/2000，测量 4 个内角与 90°比较，满足角度误差≤±40″。

（3）根据与原有建筑和道路的关系定位　如果设计图上只给出新建筑与附近原有建筑或道路的相互关系，而没有提供建筑定位点的坐标，周围又没有测量控制点、建筑方格网和建筑基线可供利用，可根据原有建筑的边线或道路中心线将新建筑的定位点测设出来。

测设的基本方法如下：在现场先找出原有建筑的边线或道路中心线，再用全站仪或经纬仪和钢尺将其延长、平移、旋转或相交，得到新建筑的一条定位直线，然后根据这条定位轴线，测设新建筑的定位点。

根据与原有建筑的关系定位。如图 10-4 所示，拟建建筑的外墙边线与原有建筑的外墙边线在同一条直线上，两栋建筑的间距为 10m，拟建建筑四周长轴为 40m，短轴为 18m，轴线与外墙边线间距为 0.12m，可按下述步骤测设其四个轴线的交点。

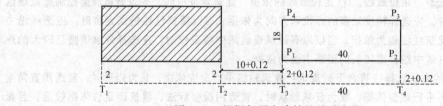

图 10-4　根据与原有建筑的关系定位

① 沿原有建筑的两侧外墙拉线，用钢尺顺线从墙角往外量一段较短的距离（这里设为 2m，在地面上定出 T_1 和 T_2 两个点，T_1 和 T_2 的连线即为原有建筑的平行线。

②在 T_1 点安置经纬仪，照准 T_2 点，用钢尺从 T_2 点沿视线方向量取 10m+0.12m，在地面上定出 T_3 点，再从 T_3 点沿视线方向量取 40m，在地面上定出点，T_3 和的连线即为拟建建筑的平行线，其长度等于长轴尺寸。

③在 T_3 点安置经纬仪，照准 T_4 点，逆时针测设 90°，在视线方向上量 2m+0.12m，在地面上定出 P_1 点，再从 P_1 点沿视线方向量取 18m，在地面上定出 P_4 点。同理，在 T_4 点安置经纬仪，照准 T_3 点，顺时针测设 90°，在视线方向上量取 2m+0.12m，在地面上定出 P_4 点，再从 P_2 点沿视线方向量取 18m，在地面上定出 P_3 点。则 P_1、P_2、P_3 和 P_4 点即为拟建建筑的四个定位轴线点。

④在 P_1、P_2、P_3 和 P_4 点上安置经纬仪，检核四个大角是否为 90°，用钢尺丈量四条轴线的长度，检核长轴是否为 40m，短轴是否为 18m；需要边长误差≤1/2000，角度误差≤±40″。

二、定位标志桩的设置

依照上述定位方法进行定位的结果是测定出建筑物的四廓大角桩，进而根据轴线间距尺寸沿四廓轴线测定出各细部轴线桩。但施工中要开挖基槽或基坑，必然会把这些桩点破坏掉。为了保证挖槽后能够迅速、准确地恢复这些桩位，一般采取先测设建筑物四廓各大角的控制桩，即在建筑物基坑外 1~5m 处，测设与建筑物四廓平行的建筑物控制桩（俗称保险桩，包括角桩、细部轴线引桩等构成建筑物控制网），作为进行建筑物定位和基坑开挖后开展基础放线的依据。

三、放线

建筑物四廓和各细部轴线测定后，即可根据基础图及土方施工方案用白灰撒出灰线，作为开挖土方的依据。

放线工作完成后要进行自检，自检合格后应提请有关技术部门和监理单位进行验线。验线时首先检查定位依据桩有无变动及定位条件的几何尺寸是否正确，然后检查建筑物四廓尺寸和轴线间距，这是保证建筑物定位和自身尺寸正确性的重要措施。

对于沿建筑红线兴建的建筑物在放线并自检以后，除了提请有关技术部门和监理单位进行验线以外，还要由城市规划部门验线，合格后方可破土动工，以防出现新建建筑物压红线或超越红线的情况发生。

四、基础放线

根据施工程序，基槽或基坑开挖完成后要做基础垫层。当垫层做好后，要在垫层上测设建筑物各轴线、边界线、基础墙宽线和柱位线等，并以墨线弹出作为标志，这项测量工作称为基础放线，又俗称为撂底。这是最终确定建筑物位置的关键环节，应在对建筑物控制桩进行校核并合格的情况下，再依据它们仔细施测出建筑物主要轴线，再经闭合校核后，详细放出细部轴线，所弹墨线应清晰、准确，精度要符合《砌体工程施工及验收规范》（GB 50203—2011）中的有关规定，基础放线、验线的误差要求应符合表 10-1 的规定。

表 10-1　基础放线、验线的允许偏差

长度 L、宽度 B 的尺寸/m	允许偏差/mm
$L(B)≤30$	±5

续表

长度 L、宽度 B 的尺寸/m	允许偏差/mm
30＜L(B)≤60	±10
60＜L(B)≤90	±15
90＜L(B)	±20

第三节　建筑施工轴线定位与高程测量

基础放线以后，由施工人员进行基础施工，当到达±0.000时，还要将轴线、墙宽线等以墨线弹测出来，用以指导结构施工。以后随着结构每升高一层，都要进行一次轴线的投测，这是保证建筑物上下层轴线位于同一铅垂面上，即确保建筑物垂直度的重要步骤，同时还要通过高程传递的方法来控制建筑物每层的高度以及建筑物的总高度。

一、轴线投测

轴线投测关系到多层或高层建筑的竖向垂直精度，尤其是结构外墙、电梯竖井的垂直精度更加重要。轴线投测的方法分为两类：一是经纬仪投测法；二是铅垂线法。

1. 经纬仪投测法

经纬仪投测法是利用经纬仪、轴线控制桩进行轴线投测的常用方法，根据不同的场地条件，又分为以下三种测法。

（1）延长轴线法　当建筑四周场地开阔，能够将建筑物四廓轴线延长到建筑物的总高度以外或附近的多层建筑物屋面上时，可采用延长轴线法。这种方法是将经纬仪安置在轴线的延长线上，以首层轴线为准，向上逐层投测。

如图10-5所示，A、C、①、⑤轴线为建筑物的四廓轴线，I′、I″、C_1、C_2等桩点为轴线延长线上的桩位。施测时将经纬仪分别安置在各点上，先后视基础上的轴线标志，然后纵转望远镜向上投测，指挥施工层上的观测人员依视线位置做出标志。M点就是投测上来的C轴和①轴的交点。

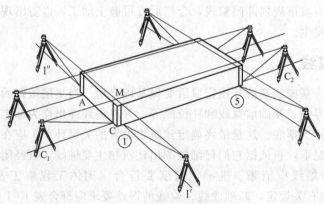

图 10-5　延长轴线投测法

（2）侧向借线法　当建筑四周场地窄小，建筑物四廓轴线无法延长时，可采用侧向借线法。这种方法是先将轴线向建筑物外侧平移1～2m（俗称借线），然后将经纬仪分别安置在平移出来的轴线端点，后视另一端向上投测，同时指挥施工层上的观测人员，垂直仪器视线横向水平移动直尺，再以视线为准向内量出借线尺寸，即可在楼板上定出轴线的位置。

如图 10-6 所示，轴向外平移 1.5m 至 I′、I″位置，将经纬仪安置在 I′点上，瞄准另一端点 I″纵转望远镜瞄准施工层上横放的直尺，指挥上面的观测人员横向水平移动直尺，使视线照准尺上的端点刻划，然后依据直尺刻划向内反量轴线平移的距离（1.5m），并在楼板上标出轴线位置。同样，再将经纬仪安置在 I″点上，按照相同的方法在施工层另一端标出轴线位置，这样 C 轴线就被投测到施工层上了。其他各轴线均可按照这一方法进行投测。

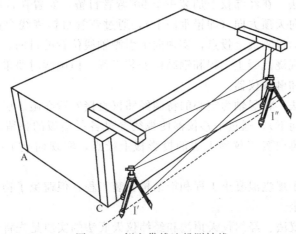

图 10-6 侧向借线法投测轴线

（3）正倒镜挑直法 当建筑四周地面上无法安置经纬仪进行投测时，可将经纬仪安置在施工层上，采用正倒镜挑直线的方法，投测出轴线的位置。

经验指导

为了保证经纬仪投测法轴线投测的精度，在操作上应该特别注意以下三点：①严格校正仪器（尤其是横轴垂直于竖轴的检校），进行投测时严格整平仪器，以保证竖轴铅垂；②尽量以首层轴线作为后视向上投测，以减少误差积累；③每次轴线投测均取盘左、盘右分别向上投测的平均位置，以抵消视准轴不垂直横轴、横轴不垂直竖轴的误差影响。

2. 铅垂线法

铅垂线法是利用铅垂线原理直接将首层轴线铅垂投测到施工层上的一类投测方法，适用于施工场地非常窄小，无法在建筑物以外安置经纬仪的情况。根据使用仪器或工具的不同，又分为以下四种测法。

（1）吊线坠法 这是以首层轴线标志为准悬吊特制线坠，通过吊线（即铅垂线）逐层引测轴线的方法。为方便操作，实际作业时先估计出轴线的大致位置将线坠吊线固定到施工层，然后通过下边线坠的摆动取中找出投点位置，并量取实际投点位置与轴线标志之间的偏离距离，再在施工层从固定吊线位置开始按照相同方向量出偏离距离，定出轴线位置。

为保证投测精度，操作时应注意以下要点。

① 线坠体形端正，重量应符合要求，采用编制线或钢丝悬吊。

② 线坠上端固定，线间无任何物体抗线。

③ 线坠下端左右摆动＜3mm 时取中，投点时视线要与结构立面垂直。

④ 防震动、防侧风。

⑤ 每隔 3～4 层再投一次通线，作为校核。

（2）激光铅直仪法 激光铅直仪是一种利用激光束提供可见铅垂线的专用仪器。投测时，将激光铅直仪安置在首层地面的轴线控制点上，使激光束通过各层楼板的预留孔洞，向置于施工层上的接收板上投点，实现向上引测轴线位置的目的。

这种方法适用于高层建筑、高耸构筑物（如烟囱、塔架）以及采用滑模工艺的工程，具有操作方法简便、投测精度较高的特点。

（3）经纬仪天顶法 在经纬仪上加装一个 90°弯管目镜，安置在首层地面的轴线控制点上，使望远镜物镜指向天顶方向（即铅垂向上），通过弯管目镜视线穿过各层楼板的预留孔洞，向置于施工层上的接收板上投点，实现向上引测轴线位置的目的。

这种方法适用于现浇混凝土工程和钢结构安装工程，但施测时要采取安全措施，防止上面落物击伤观测人员和砸毁仪器。

（4）经纬仪天底法 将竖轴为空心的特制经纬仪直接安置在施工层上，使望远镜物镜指向天底方向（即铅垂向下），通过平移仪器使视线穿过各层楼板的预留孔洞，照准首层地面上的轴线控制点后，再向置于仪器下边的投影板上投点，实现向施工层上引测轴线位置的目的。

这种方法也适用于现浇混凝土工程和钢结构安装工程，但避免了物体下落的威胁，仪器与观测人员均比较安全。

上述的激光铅直仪法、经纬仪天顶法和经纬仪天底法的实质是先将建筑物四廓轴线向内侧平移一定距离，然后利用预留的垂直孔洞向施工层上进行投测，再将投测上来的轴线平移复原到原来的轴线位置。因此，这些方法属于内控法。

二、高程传递

±0.000 以上的结构施工时，层高、总高都要符合设计要求，而这些是通过控制高程来实现的。通常采取沿结构外墙、边柱或电梯间等上下贯通的地方进行高程的传递。

1. 高程传递的方法

（1）钢尺垂直量距法 用钢尺分别从不少于三处沿垂直方向由 ±0.000 水平线或事先准确测设的同一起始高程线向上量至施工层，并画出某整分米数水平线（即某一高程线）。

（2）水准观测法 如图 10-7 所示，将水准仪安置在 Ⅰ 点，后视 ±0.000 水平线或起始

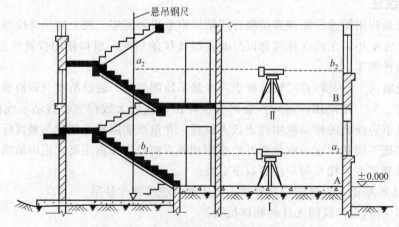

图 10-7 利用水准测量方法进行高程传递

高程线处的水准尺读取后视读数 a_1，前视悬吊于施工层上的钢尺读取前视读数 b_1，然后将水准仪移动到施工层上安置于Ⅱ点，后视钢尺读取 a_2，前视 B 点水准尺测设施工层的某一高程线（如＋50 线）。对于一个建筑物，应按这样的方法从不少于三处分别测设某一高程线标志。

测设高程线标志以后，再采用水准测量的方法观测处于不同位置的具有同一高程的水平线标志之间的高差，高差应不大于±3mm。

（3）皮数杆法　皮数杆是一根画有砖的高度、灰缝厚度，可以表示砖的皮数（即层数），并标有门窗洞口、过梁、预留孔、木砖等位置和尺寸的长条形木杆。它是砌筑工程中控制高程和砌砖水平度的主要依据，一般设置在建筑物的拐角和隔墙处。

皮数杆的绘制主要依据建筑物剖面图及外墙详图中各构件的高程、尺寸等。皮数杆画法有两种：一种是门窗洞门、预留孔、各构件的设计高程可以稍有变动，这时把皮数杆画成整皮数，上下移动门窗洞口、预留孔、构件等的位置；另一种是门窗洞口、预留孔、各构件的设计高程有一定的工艺要求不能变动，这时可在规范允许的范围以内调整水平灰缝的大小凑成整皮数。

设置皮数杆时，首先在地面上打一木桩，使用水准仪测设出±0.000 高程位置，然后，把皮数杆上的±0.000 线与木桩上的±0.0000 线对齐、钉牢。皮数杆钉好后，要用水准仪进行检验。

2. 高程传递的精度要求

高程传递时，轴线投测的精度应符合表 10-2 的规定。

表 10-2　轴线投测的精度要求

项目		允许偏差/mm
每层		±3
总高(H)	H≤30m	±5
	30m<H≤60m	±10
	60m<H≤90m	±15
	90m<H≤120m	±20
	120m<H≤150m	±25
	150m<H	±30

3. 高程传递的工作要点

为了保证高程传递的精度，施测时应注意以下几点。

① 一般情况下应至少由三处向上传递高程，以便于各层使用和相互校核。各层传递高程时均应由±0.000 水平线或起始高程线开始，高程传递后要将水准仪安置在施工层，校测由下面传递上来的各水平线，较差应在 3mm 以内。在各层抄平时，应后视两条水平线以作校核。

② 观测时尽量做到前、后视线等长，测设水平线时，最好是直接调整水准仪高度，使后视线正对准设计水平线，则前视时可直接用铅笔标出视线高程的水平线。这种测法比一般在木杆上标记出视线再量高差反数的测法能提高精度 1～2mm。

③ 由±0.000 水平线向上量高差时，所用钢尺应经过检定，尺身应竖直并使用标准拉力，还应进行尺长和温度改正（钢结构不加温度改正）。

④ 在高层装配式结构施工中，不但要注意每层的高差不要超限，更要注意控制各层的

高程，防止误差累计而使建筑物总高度的误差超限。因此，在各施工层高程测出后，应根据高差误差情况，在下一层施工时对层高进行调整，必要时还应通知构件厂调整下一阶段的柱高，尤其是钢结构工程。

⑤ 为保证竣工时±0.000和各层高程的正确性，应请设计单位明确：在测设±0.000水平线和基础施工时，应如何对待地基开挖后的回弹、建筑物在施工期间的下沉以及钢结构工程中钢柱负荷后对层高的影响。

⑥ 施测中要特别注意人身安全。

第四节　建筑基础施工测量

一、基础放线的有关规定

基槽开挖、垫层、基础轴应满足以下要求。

1. 基槽

基槽（坑）开挖应满足一定的要求，具体有以下几点。

① 条形基础放线，以轴线控制桩为准测设基槽边线，两灰线外侧为槽宽，允许误差为+20mm、-10mm。

② 杯形基础放线，以轴线控制桩为准测设柱中心桩，再以柱中心桩及其轴线方向定出柱基开挖边线，中心桩的允许误差为3mm。

③ 整体开挖基础放线，地下连续墙施工时，应以轴线控制桩为准测设连续墙中线，中线横向允许误差为±10mm；混凝土灌注桩施工时，应以轴线控制桩为准测设灌注桩中线，中线横向允许误差为±20mm；大开挖施工时应根据轴线控制桩分别测设出基槽上、下口位置桩，并标定开挖边界线，上口桩允许误差为+50mm、-20mm，下口桩允许误差为+20mm、-10mm。

④ 在条形基础与杯形基础开挖中，应在槽壁上每隔3m距离测设距槽底设计标高50cm或100cm的水平桩，允许误差为±5mm。

⑤ 整体开挖基础，当挖土接近槽底时，应及时测设坡脚与槽底上口标高，并拉通线控制槽底标高。

2. 主轴线投测

在垫层（或地基）上进行基础放线前，应以建筑平面控制网为准，检测建筑外廓轴线控制桩无误后，投测主轴线，允许误差为±3mm。

3. 基础轴线投测

基础外廓轴线投测应经闭合检测后，用墨线弹出细部轴线与施工线，基础外廓轴线允许误差应符合表10-3的规定。

表 10-3　基础放线的允许偏差

长度L、宽度B的尺寸/m	允许偏差/mm	长度L、宽度B的尺寸/m	允许偏差/mm
L(B)≤30	±5	90＜L(B)≤120	±20
30＜L(B)≤60	±10	120＜L(B)≤150	±25
30＜L(B)≤60	±15	150＜L(B)	±30

二、基槽开挖深度和垫层标高控制

1. 设置水平桩

如图 10-8 所示，为了控制基槽开挖深度，当基槽挖到接近槽底设计高程时，应在槽壁上测设一些水平桩，使水平桩的上表面，也可作为槽底清理和打基础垫层时掌握标高的依据。

2. 水平桩的测设方法

一般在基槽各拐角处、深度变化处和基槽壁上每隔 3～4m 左右测设一个水平桩，然后拉上白线，线下 0.5m 即为槽底设计高程。

测设水平桩时，以画在龙门板或周围固定地物的 ±0.000 标高线为已知高程点，用水准仪进行测设，小型建筑也可用连通水管法进行测设。水平桩上的高程误差应在 ±10mm 以内。

3. 垫层标高的测设

垫层面标高的测设可以以水平桩为依据在槽壁上弹线，也可在槽底打入垂直桩，使桩顶标高等于垫层面的标高。如果垫层需安装模板，可以直接在模板上弹出垫层面的标高线。

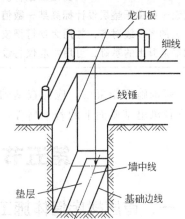

图 10-8　基槽底口和垫层轴线投测

如果是机械开挖，一般是一次挖到设计槽底或坑底的标高，因此要在施工现场安置水准仪，边挖边测，随时指挥挖土机调整挖土深度，使槽底或坑底的标高略高于设计标高（一般为 10cm，留给人工清土）挖完后，为了给人工清底和打垫层提供标高依据，还应在槽壁或坑壁上打水平桩，水平桩的标高一般为垫层面的标高。

三、基槽底口和垫层轴线投测

如图 10-8 所示，基槽挖至规定标高并清底后，将经纬仪安置在轴线控制桩上，瞄准轴线另一端的控制桩，即可把轴线投测到槽底，作为确定槽底边线的基准线。垫层打好后，用经纬仪或用拉绳挂垂球的方法把轴线投测到垫层上，并用墨线弹出墙中心线和基础边线，以便砌筑基础或安装基础模板。由于整个墙身砌筑均以此线为准，这是确定建筑位置的关键环节，所以要严格校核后方可进行砌筑施工。

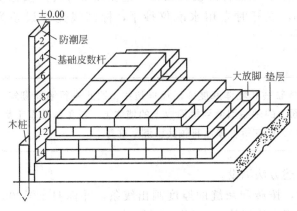

图 10-9　基础皮数杆

四、基础墙标高的控制

基础墙的标高一般是用基础皮数杆来控制的。皮数杆是用一根木杆做成，在杆上注明 ±0.000 的位置，按照设计尺寸将砖和灰缝的厚度，分层从上往下一一画出来，此外还应注明防潮层和预留洞口的标高位置。

如图 10-9 所示，基础墙（±0.000 以下的砖墙）的标高一般是用基础皮数杆来控制的，基础皮数杆用一根木杆做成，在杆上注明±0.000 的位置，按照设计尺寸将砖和灰缝的厚度分皮从上往下一一画出来，此外还应注明防潮层和预留洞口的标高位置。

经验指导

> **基础皮数杆。**立皮数杆时，可先在立杆处打一个木桩，用水准仪在木桩侧面测设一条高于垫层设计标高某一数值（如 10cm）的水平线，然后将皮数杆上标高相同的一条线与木桩上的水平线对齐，并用大铁钉把皮数杆和木桩钉在一起，作为砌筑基础墙的标高依据。对于采用钢筋混凝土的基础，可用水准仪将设计标高测设于模板上。

基础施工结束后，应检查基础面的标高是否满足设计要求（也可以检查防潮层）。可用水准仪测出基础面上的若干高程，和设计高程相比较，允许误差为±10mm。

第五节　建筑墙体施工测量

一、首层楼房墙体施工测量

1. 墙体轴线测设

基础工程结束后，应对龙门板或轴线控制桩进行检查复核，经复核无误后，可进行墙体轴线的测设，具体步骤如下。

① 利用轴线控制桩或龙门板上的轴线钉和墙边线标志，用经纬仪或拉细绳挂垂球的方法将首层楼房的墙体轴线投测到基础面上或防潮层上。

② 用墨线弹出墙中线和墙边线。

③ 把墙轴线延长到基础外墙侧面上并弹线和做出标志，作为向上投测各层楼墙体轴线的依据。

④ 检查外墙轴线交角是否等于 90°。

⑤ 将门、窗和其他洞口的边线也在基础外墙侧面上做出标志。

2. 墙体标高测设

墙体标高测设墙体砌筑时，墙身各部位标高通常是用墙身皮数杆控制。

（1）皮数杆设置要求　墙体砌筑之前，应按有关施工图绘制皮数杆，作为控制墙体砌筑标高的依据，皮数杆全高绘制误差为±2mm。皮数杆的设置位置应选在建筑各转角及施工流水段分界处，相邻间距不宜大于 15m，立杆时先用水准仪抄平，标高线允许误差为±2mm。

经验指导

> 砌体砌筑前，根据墙体轴线和墙体厚度弹出墙体边线，照此进行墙体砌筑。砌筑到一定高度后，用吊锤线将基础外墙侧面上的轴线引测到地面以上的墙体上，以免基础覆土后看不见轴线标志。如果轴线处是钢筋混凝土柱，则在拆柱模后将轴线引测到桩身上。

（2）皮数杆设置方法　皮数杆可按下述方法测设。

① 在墙身皮数杆上，根据设计尺寸，按砖和灰缝的厚度画出线条，并标明±0.000，门、窗、过梁、楼板等的标高位置。杆上标高注记从±0.000 向上增加。

② 墙身皮数杆一般立在建筑的拐角和内墙处。采用里脚手架时,皮数杆立在墙的外边;采用外脚手架时,皮数杆立在墙里边。墙身皮数杆的设立与基础皮数杆相同,使皮数杆上的±0.000标高与立桩处的木桩上测设的±0.000m标高相吻合。在墙的转角处,每隔10～15m设置一根皮数杆。

③ 框架结构的民用建筑,墙体砌筑是在框架施工后进行的,若在砌筑框架或钢筋混凝土柱子之间的隔墙时,可在柱面上画线,代替皮数杆。

墙体砌筑到一定高度后,应在内、外墙面上测设出+0.50m标高的水平墨线,称为"+50线"。外墙的+50线作为向上传递各楼层标高的依据,内墙的+50线作为室内地面施工及室内装修的标高依据。相邻标高点间距不宜大于4m,水平线允许误差为+3mm。

二、二层以上楼房墙体施工测量

1. 墙体轴线投测

每层楼面建好后,为了保证继续往上砌筑墙体时,墙体轴线均与基础轴线在同一铅垂面上,应将基础或一层墙面上的轴线投测到楼面上,并在楼面上重新弹出墙体的轴线,检查无误后,以此为依据弹出墙体边线,再往上砌筑。

(1) 吊垂线法 将较重的垂球悬挂在楼板或柱顶的边缘,慢慢移动,当垂球尖对准基础墙面上的轴线标志时,垂球线在楼板或柱顶边缘的位置即为楼层轴线端点位置,画一短线作为标志。同法投测另一端点,两短点的连线即为墙体轴线。

用钢尺检核轴线间的距离,相对误差不得大于1/3000,符合要求后,以此为依据,用钢尺内分法测设其他细部轴线。

吊垂线法受风的影响较大,因此应在风小的时候作业,投测时应等待吊锤稳定下来后再在楼面上定点。此外,每层楼面的轴线均应直接由底层投测上来,以保证建筑的总竖直度,只要注意这些问题,用吊垂线法进行多层楼房的轴线投测的精度是有保证的。

(2) 经纬仪投测法 在轴线控制桩上安置经纬仪,严格整平后,瞄准基础墙面上的轴线标志,用盘左、盘右分中投点法,将轴线投测到楼层边缘或柱顶上。将所有端点投测到楼板上之后,用钢尺检核其间距,相对误差不得大于1/3000。检查合格后,才能在楼板弹线,继续施工。

2. 墙体标高传递

在多层建筑施工中,要由下往上将标高传递到新的施工楼层,以便控制新楼层的墙体施工,使其标高符合设计要求。标高传递一般可有以下两种方法。

(1) 利用皮数杆传递标高 一层楼房墙体砌完并建好楼面后,把皮数杆移到二层继续使用。为了使皮数杆立在同一水平面上,用水准仪测定楼面四角的标高,取平均值作为二楼的地面标高,并在立杆处绘出标高线,立杆时将皮数杆的±0.000线与该线对齐,然后以皮数杆为标高的依据进行墙体砌筑。如此用同样方法逐层往上传递高程。

(2) 利用钢尺传递标高 在标高精度要求较高时,可用钢尺从底层的+50标高线起往上直接丈量,把标高传递到第二层,然后根据传递上来的高程测设第二层的地面标高线,以此为依据立皮数杆。在墙体砌到一定高度后,用水准仪测设该层的+50标高线,再往上一层的标高可以此为准用钢尺传递,依此类推,逐层传递标高。

第六节 高层建筑的施工测量

在高层建筑工程施工测量中，由于高层建筑的体形大、层数多、高度高、造型多样化、建筑结构复杂、设备和装修标准高，因此，在施工过程中对建筑各部位的水平位置、轴线尺寸、垂直度和标高的要求都十分严格，对施工测量的精度要求也高。为确保施工测量符合精度要求，应事先认真研究和制定测量方案，选用符合精度要求的测量仪器，拟定出各种误差控制和检核措施，并密切配合工程进度，以便及时、快速、准确地进行测量放线，为下一步施工提供平面和标高依据。

高层建筑施工测量的工作内容很多，主要介绍建筑定位、基础施工、轴线投测和高程传递等几方面的测量工作。

一、高层建筑定位测量

1. 测设施工方格网

进行高层建筑的定位放线是确定建筑平面位置和进行基础施工的关键环节，施测时必须保证精度，因此一般采用测设专用的施工方格网的形式来定位。施工方格网一般在总平面布置图上进行设计，施工方格网是测设在基坑开挖范围以外一定距离，平行于建筑主要轴线方向的矩形控制网。

2. 测设主轴线

控制桩在施工方格网的四边上，根据建筑主要轴线与方格网的间距，测设主要轴线的控制桩。测设时要以施工方格网各边的两端控制点为准，用经纬仪定线，用钢尺量距来打桩定点。测设好这些轴线控制桩后，施工时便可方便、准确地在现场确定建筑的四个主要角点。

除了四廓的轴线外，建筑的中轴线等重要轴线也应在施工方格网边线上测设出来，与四廓的轴线一起称为施工控制网中的控制线，一般要求控制线的间距为 30～50m。控制线的增多可为以后测设细部轴线带来方便，施工方格网控制线的测距精度不低于 1/10000，测角精度不低于 ±10″。

如果高层建筑准备采用经纬仪法进行轴线投测，还应把要投测轴线的控制桩往更远处、更安全稳固的地方引测，这些桩与建筑的距离应大于建筑的高度，以免用经纬仪投测时仰角太大。

二、高层建筑基础施工测量

1. 测设基坑开挖边线

高层建筑一般都有地下室，因此要进行基坑开挖。开挖前，先根据建筑物的轴线控制桩确定角桩，以及建筑物的外围边线，再考虑边坡的坡度和基础施工所需工作面的宽度，测设出基坑的开挖边线并撒出灰线。

2. 基坑开挖时的测量工作

高层建筑的基坑一般都很深，需要放坡并进行边坡支护加固，开挖过程中，除了用水准仪控制开挖深度外，还应经常用经纬仪或拉线检查边坡的位置，防止出现坑底边线内收，致使基础位置不够。

3. 基础放线及标高控制

（1）基础放线 基坑开挖完成后，有以下三种情况。

① 直接打垫层，然后做箱形基础或筏板基础，这时要求在垫层上测设基础的各条边界线、梁轴线、墙宽线和柱位线等。

② 在基坑底部打桩或挖孔，做桩基础。这时要求在坑底测设各条轴线和桩孔的定位线，桩做完后，还要测设桩承台和承重梁的中心线。

③ 先做桩，然后在桩上做箱基或筏基，组成复合基础，这时的测量工作是前两种情况的结合。

无论是哪种情况，在填坑下均需要测设各种各样的轴线和定位线，其方法是基本一样的。先根据地面上各主要轴线的控制桩，用经纬仪向基坑下投测建筑物的四大角、四廓轴线和其他主轴线，经认真校核后，以此为依据放出细部轴线，再根据基础图所示尺寸，放出基础施工中所需的各种中心线和边线，例如桩心的交线以及梁、柱、墙的中线和边线等。

测设轴线时，有时为了通视和量距方便，不是测设真正的轴线，而是测设其平行线，这时一定要在现场标注清楚，以免用错。另外，一些基础桩、梁、柱、墙的中线不一定与建筑轴线重合，而是偏移某个尺寸，因此要认真按图施测，防止出错。

如果是在垫层上放线，可把有关轴线和边线直接用墨线弹在垫层上，由于基础轴线的位置决定了整个高层建筑的平面位置和尺寸，因此施测时要严格验核，保证精度。如果是在基坑下做桩基，则测设轴线和桩位时，宜在基坑护壁上设立轴线控制桩，既能保留较长时间，也便于施工时用来复核桩位和测设桩顶上的承台和础梁等。

从地面往下投测轴线时，一般是用经纬仪投测法，由于俯角较大，为了减小误差，每个轴线点均应盘左盘右各投测一次，然后取中数。

（2）基础标高测设 基坑完成后，应及时用水准仪根据地面上的±0.000水平线，将高程引测到坑底，并在基坑护坡的钢板或混凝土桩上做好标高为负的整米数的标高线。由于基坑较深，引测时可多设几站观测，也可用悬吊钢尺代替水准尺进行观测。在施工过程中，如果是桩基，要控制好各桩的顶面高程；如果是箱基和筏基，则直接将高程标志测设到竖向钢筋和模板上，作为安装模板、绑扎钢筋和浇筑混凝土的标高依据。

三、高层建筑的轴线投测

高层建筑的地下部分完成后，根据施工方格网校测建筑物主轴线控制桩后，将各轴线测设到做好的地下结构顶面和侧面，又根据原有的±0.000水平线，将±0.000标高（或某整分米数标高）也测设到地下结构顶部的侧面上，这些轴线和标高线，是进行首层主体结构施工的定位依据。

随着结构的升高，要将首层轴线逐层往上投测，作为施工的依据。此时建筑物主轴线的投测最为重要，因为它们是各层放线和结构垂直度控制的依据。随着高层建筑物设计高度的增加，施工中对竖向偏差的控制要求就越高，轴线竖向投测的精度和方法就必须与其适应，以保证工程质量。

下面介绍几种常见的投测方法。

1. 经纬仪法

当施工场地比较宽阔时，可使用此法进行竖向投测，如图10-10所示，安置经纬仪于轴线控制桩上，严格对中整平，盘左照准建筑物底部的轴线标志，往上转动望远镜，用其竖丝指挥在施工一层楼面边缘上画一点，然后盘右再次照准建筑物底部的轴线标志，同法在该处楼面边缘上画出另一点，取两点的中间点作为轴线的端点。其他轴线端点的投测与此法相同。

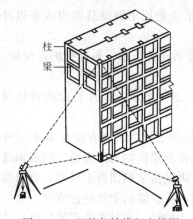

图 10-10　经纬仪轴线竖向投测

当楼层建的较高时，经纬仪投测时的仰角较大，操作不方便，误差也较大，此时应将轴线控制桩用经纬仪引测到远处（大于建筑物高度）稳固的地方，然后继续往上投测。如果周围场地有限，也可引测到附近建筑物的房顶上。如图 10-11 所示，先在轴线控制桩 A_1 上安置经纬仪，照准建筑物底部的轴线标志，将轴线投测到楼面上 A_2 点处，然后在 A_2 上安置经纬仪，照准 A_1 点，将轴线投测到附近建筑屋面上 A_3 点处，以后就可在 A_3 点安置经纬仪，投测更高楼层的轴线。注意上述投测工作均应采用盘左盘右取中法进行，以减少投测误差。

所有主轴线投测上来后，应进行角度和距离的校核，合格后再以此为依据测设其他轴线。

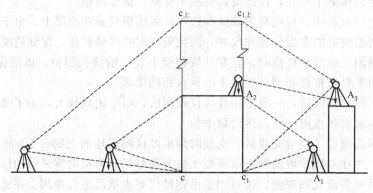

图 10-11　减小经纬仪投测角

2. 吊线坠法

当周围建筑物密集，施工场地窄小，无法在建筑物以外的轴线上安置经纬仪时，可采用此法进行竖向投测。该法与一般的吊锤线法的原理是一样的，只是线坠的重量更大，吊线（细钢丝）的强度更高。此外，为了减少风力的影响，应将吊线坠的位置放在建筑物内部。

如图 10-12 所示，事先在首层地面上埋设轴线点的固定标志，轴线点之间应构成矩形或十字形等，作为整个高层建筑的轴线控制网。各标志的上方每层楼板都预留孔洞，供吊锤线通过。投测时，在施工层楼面上的预留孔上安置挂有吊线坠的十字架，慢慢移动十字架，当吊锤尖静止地对准地面固定标志时，十字架的中心就是应投测的点，在预留孔四周做上标志即可，标志连线交点，即为从首层投上来的轴线点。同理测设其他轴线点。

使用吊线坠法进行轴线投测，经济、简单又直观，精度也比较可靠，但投测费时费力，正逐渐被下面所述的垂准仪法所替代。

3. 垂准仪法

垂准仪法就是利用能提供铅直向上（或向下）视线的专用测量仪器，进行竖向投测。常用的仪器有垂准经纬仪、激光经纬仪和激光垂准仪等。用垂准仪法进行高层建筑的轴线投测，具有占地小、精度高、速度快的优点，在高层建筑施工中用得越来越多。

垂准仪法也需要事先在建筑底层设置轴线控制网，建立稳固的轴线标志，在标志上方每层楼板都预留孔洞（大于 15cm×15cm），供视线通过，如图 10-13 所示。

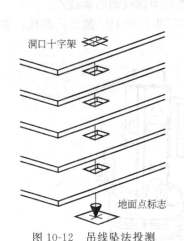

图 10-12　吊线坠法投测

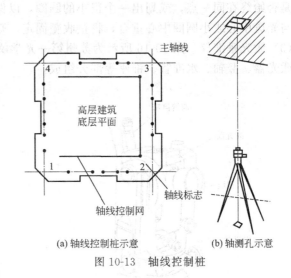

(a) 轴线控制桩示意　　(b) 轴测孔示意

图 10-13　轴线控制桩

（1）**垂准经纬仪**　如图 10-14（a）所示，该仪器的特点是在望远镜的目镜位置上配有弯曲成 90°的目镜，使仪器铅直指向正上方时，测量员能方便地进行观测。此外该仪器的中轴是空心的，使仪器也能观测正下方的目标。

使用时，将仪器安置在首层地面的轴线点标志上，严格对中整平，由弯管目镜观测，当仪器水平转动一周时，若视线一直指向一点上，说明视线方向处于铅直状态，可以向上投测。投测时，视线通过楼板上预留的孔洞，将轴线点投测到施工层楼板的透明板上定点，为了提高投测精度，应将仪器照准部水平旋转一周，在明板上投测多个点，这些点应构成一个小圆，然后取小圆的中心作为轴线点的位置。同法用盘右再投测一次，取两次的中点作为

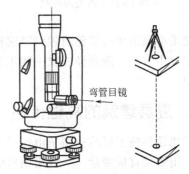

(a) 垂准经纬仪构造图　(b) 垂准经纬仪投测示意图

图 10-14　垂准经纬仪

最后结果。由于投测时仪器安置在施工层下面，因此在施测过程中要注意对仪器和人员的安全采取保护措施，防止落物击伤。

经验指导

> **垂准经纬仪的精度。** 该仪器竖向投测方向观测中误差不大于 ±6″，即 100m 高处投测点位误差为 ±3mm，相当于约 1/30000 的铅垂度，能满足高层建筑对竖向的精度要求。

如果把垂准经纬仪安置在浇筑后的施工层上，将望远镜调成铅直向下的状态，视线通过楼板上预留的孔洞，照准首层地面的轴线点标志，也可将下面的轴线点投测到施工层上来，如图 10-14（b）所示。该法较安全，也能保证精度。

（2）**激光经纬仪**　激光经纬仪（图 10-15）用于高层建筑轴线竖向投测，其方法与配弯管目镜的经纬仪是一样的，只不过是用可见激光代替人眼观测。投测时，在施工层预留孔中央设置用透明聚酯膜片绘制的接收靶，在地面轴线点处对中整平仪器，启动激光器，调节望远镜调焦螺旋，使投射在接收靶上的激光束光斑最小，再水平旋转仪器，检查接收靶上光斑

中心是否始终在同一点，或划出一个很小的圆圈，以保证激光束铅直，然后移动接收靶使其中心与光斑中心或小圆圈中心重合，将接收靶固定，则靶心为欲投测的轴线点。

（3）激光垂准仪　图10-16所示为苏州第一光学仪器厂生产的DJ$_2$激光垂准仪，主要由氦氖激光器、竖轴、水准管、锥座等部分组成。

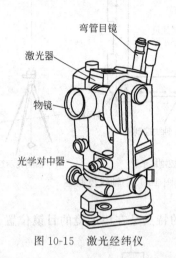

图 10-15　激光经纬仪

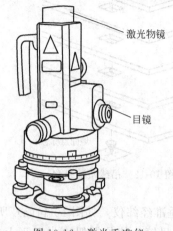

图 10-16　激光垂准仪

激光垂准仪用于高层建筑轴线竖向投测时，其原理和方法与激光经纬仪基本相同，主要区别在于对中方法。激光经纬仪一般用光学对中器，而激光垂准仪用激光器尾部射出的光束进行对中。

四、高层建筑的高程传递

高层建筑各施工层的标高是由底层±0.000标高线传递上来的。

（1）用钢尺直接测量　一般用钢尺沿结构外墙、边柱或楼梯间由底层±0.000标高线向上竖直量取设计高差，即可得到施工层的设计标高线。用这种方法传递高程时，应至少由三处底层标高线向上传递，以便于相互校核。由底层传递到上面同一施工层的几个标高点必须用水准仪进行校核，检查各标高点是否在同一水平面上，其误差应不超过±3mm。合格后以其平均标高为准，作为该层的地面标高。若建筑高度超过一尺段（30m或50m），可每隔一个尺段的高度精确测设新的起始标高线，作为继续向上传递高程的依据。

（2）利用皮数杆传递高程　在皮数杆上自±0.000标高线起，门窗口、过梁、楼板等构件的标高都已注明。一层楼砌好后，则从一层皮数杆起一层一层往上接。

（3）悬吊钢尺法　在外墙或楼梯间悬吊一根钢尺，分别在地面和楼面上安置水准仪，将标高传递到楼面上。用于高层建筑传递高程的钢尺应经过检定，量取高差时尺身应铅直和用规定的拉力，并应进行温度改正。

第七节　竣工总平面图绘制

一、竣工测量包括的工作

建（构）筑物竣工验收时进行的测量工作，称为竣工测量。在每一个单项工程完成后，必须由施工单位进行竣工测量，并提出该工程的竣工测试成果，作为编绘竣工总平面图的依据。

1. 工业厂房及一般建筑物

测定各房角坐标、几何尺寸，各种管线进出口的位置和高程，室内地坪及房角标高，并附注房屋结构层数、面积和竣工时间。

2. 地下管线

测定检修井、转折点、起终点的坐标，井盖、井底、沟槽和管顶等的高程，附注管道及检修井的编号、名称、管径、管材、间距、坡度和流向。

3. 架空管线

测定转折点、结点、交叉点和支点的坐标，支架间距，基础面标高等。

4. 交通线路

测定线路起终点、转折点和交叉点的坐标，路面，人行道，绿化带界线等。

5. 特种构筑物

测定沉淀池的外形和四角坐标、圆形构筑物的中心坐标、基础面标高、构筑物的高度或深度等。

二、绘制竣工总平面图的步骤

竣工总平面图的绘制步骤如下。

① 首先在图纸上绘制坐标方格网。绘制坐标方格网的方法、精度要求与地形测量绘制坐标方格网的方法、精度要求相同。

② 坐标方格网画好后，将施工控制点按坐标值展绘在图纸上。展点对所邻近的方格而言，其容许误差为±0.3mm，再根据坐标方格网，将设计总平面图的图面内容，按其设计坐标，用铅笔展绘于图纸上，作为底图。

③ 再对凡按设计坐标进行定位的工程，应以测量定位资料为依据，按设计坐标（或相对尺寸）和标高展绘。对原设计进行变更的工程，应根据设计变更资料展绘。

④ 对凡有竣工测量资料的工程，若竣工测量成果与设计值之误差，不超过所规定的定位容许误差时，按设计值展绘；否则，按竣工测量资料展绘。

⑤ 厂区地上和地下所有建筑物、构筑物如果都绘在一张竣工总平面图上，线条过于密集而不便于使用，可以采用分类绘图，如综合竣工总平面图、交通运输总平面图、管线竣工总平面图等。

> **知识小贴士**
>
> **竣工总平面图。** 绘制竣工总平面图的比例尺一般采用 1 : 1000，如不能清楚地表示某些特别密集的地区，也可局部采用 1 : 500 的比例尺。

三、整饰竣工总平面图

竣工总平面图的符号应与原设计图的符号一致。有关地形图的图例应使用国家地形图图示符号。对于厂房，应使用黑色墨线绘出该工程的竣工位置，并应在图上注明工程名称、坐标、高程及有关说明。对于各种地上、地下管线，应用各种不同颜色的墨线，绘出其中心位置，并应在图上注明转折点及井位的坐标、高程及有关说明。对于没有进行设计变更的工程，用墨线绘出的竣工位置，与按设计原图用铅笔绘出的设计位置应重合，但其坐标及高程数据与设计值比较可能稍有出入。随着工程的进展，逐渐在底图上将铅笔线都绘成墨线。

对于直接在现场指定位置进行施工的工程，以固定地物定位施工的工程及多次变更设计而无法查对的工程等，只能进行现场实测，这样测绘出的竣工总平面图，称为实测竣工总平面图。

竣工总平面图编绘完成后，应经原设计及施工单位技术负责人审核、会签。

第十一章

建筑施工变形测量监控

第一节　变形观测的目的与基本要求

一、建筑物变形观测概述

工程建筑物产生变形的原因有很多，最主要的原因有两个方面：一是自然条件及其变化，即建筑物地基的工程地质、水文地质、土的物理性质、大气温度和风力等因素引起，例如，同一建筑物由于基础的地质条件不同，引起建筑物不均匀沉降，使其发生倾斜或裂缝；二是建筑物自身的原因，即建筑物本身的荷载、结构形式及动载荷（如风力、振动等）的作用。此外，勘测、设计、施工的质量及运营管理工作的不合理也会引起建筑物的变形。

变形测量的观测周期，应根据建（构）筑物的特征、变形速率、观测精度要求和工程地质条件等因素综合考虑，观测过程中，根据变形量的变化情况，应适当调整，一般在施工过程中，频率应大些，周期可以为三天、七天、十五天等，等竣工投产以后，频率可小一些，一般为一个月、两个月、三个月、半年及一年等周期，若遇特殊情况，还要临时增加观测的次数。

> **知识小贴士**
>
> **变形观测。** 变形观测的任务就是周期性地对所设置的观测点（或建筑物某部位）进行重复观测以求得在每个观测周期内的变化量。若需测量瞬时变形，可采用各种自动记录仪器测定其瞬时位置。
>
> 变形观测的精度要求，应根据建筑物的性质、结构、重要性、对变形的敏感程度等因素确定。

通过变形观测可取得大量的可靠资料和数据，用于监视工程建筑物的状态变化和工作情况。若发生异常现象，可及时分析原因，采取加固措施或改变运营方式，以保证安全。除此以外，还可根据变形观测的数据，验证地基与基础的计算方法、工程结构的设计方法，合理规定不同地基与工程结构的允许变形值，为工程建筑物的设计、施工、管理和科学研究工作提供资料，以保证工程建筑物的合理设计、正确施工和安全使用。因此，大型或重要工程建筑物、构筑物，在工程设计时，应对变形测量统筹安排，施工开始时，即应进行变形观测，并一直持续到变形直于稳定时终止。

变形观测的内容，要求有明确的针对性，应根据建筑物的性质与地基情况来确定，既要有重点，又要作全面考虑，以便能全面而且正确地反映出建筑物的变化情况。

工业与民用建筑物，对基础而言，其主要的观测内容是测算绝对沉降量、平均沉降量、相对弯曲、相对倾斜、平均沉降速度以及绘制沉降分布图等。建筑物的地基变形特征值（沉降量、沉降差、倾斜、局部倾斜以及沉降速率等）是衡量地基变形发展程度与状况的重要标志。

对于建筑物本身来说，主要看变形是否影响房屋的正常使用，如：是否产生裂缝，倾斜是否超出允许范围等。

对于工业设备、厂房柱子、导轨等，其主要观测内容是水平位移和垂直位移等。

在建筑施工过程中，一般采用精密水准仪进行沉降观测，采用经纬仪进行倾斜观测，其实测数据是建筑物工程质量检查的主要依据，也是竣工验收的主要技术档案之一。

建筑变形观测还包括：基坑回弹观测、地基土分层沉降观测、地基土变形相邻影响观测及场地沉降观测、裂缝观测、挠度观测和高层建筑的风振测量等。

二、变形观测基本要求

1. 变形测量主要任务

建筑的变形观测是对建筑以及地基所产生的沉降、倾斜、挠度、裂缝、位移等变形现象进行的测量工作。其任务就是周期性的对设置在建筑上的观测点进行重复观测，求得观测点位置的变化量，通过对这些变化量的分析，研究建筑的变形规律和原因，从而为建筑的设计、施工、管理和科学研究提供可靠的资料。

2. 需要进行变形测量的情况

属于下列情况之一者应进行变形测量。

① 地基基础设计等级为甲级的建筑。

② 复合地基或软弱地基上的设计等级为乙级的建筑。

③ 加层、扩建建筑。

④ 受邻近深基坑开挖施工影响或受场地地下水等环境因素变化影响的建筑。

⑤ 需要积累建筑经验或进行设计反分析的工程。

⑥ 因施工、使用或科研要求进行观测的工程。

3. 施工阶段的变形测量

施工阶段的变形测量包括以下几个主要项目。

① 施工建筑及邻近建筑变形测量。

② 邻近地面沉降监测、护坡桩位移监测、重要施工设备的安全监测等。

③ 地基基坑回弹观测和地基土分层沉降观测。

④ 因特殊的科研和管理等需要进行的变形测量。

4. 观测周期的确定

变形测量的观测周期应根据下列因素确定。

① 应能正确反映建筑的变形全过程。

② 建筑的结构特征。

③ 建筑的重要性。

④ 变形的性质、大小与速率。

⑤ 工程地质情况与施工进度。

⑥ 变形对周围建筑和环境的影响。

观测过程中，根据变形量的变化情况，观测周期可适当调整。

5. 变形测量的规定

以下所列几项是变形观测应该满足的内容。

① 在较短的时间内完成。

② 每次观测时宜采用相同的观测网形和观测方法，使用同一仪器和设备，固定观测人员，在基本相同的环境和条件下观测（俗称"三固定"）。

③ 对所使用的仪器设备，应定期进行检验校正。

④ 每项观测的首次观测应在同期至少进行两次，无异常时取其平均值，以提高初始值的可靠性。

⑤ 周期性观测中，若与上次相比出现异常或测区受到地震、爆破等外界因素影响时，应及时复测或增加观测次数。

⑥ 记录相关的环境因素，包括荷载、温度、降水、水位等。

⑦ 采用统一基准处理数据。

三、变形观测项目

工业与民用建筑变形观测项目应根据工程需要按表 11-1 选择。

表 11-1 工业与民用建筑变形观测项目

项目			主要检测内容		备注
场地			垂直位移		建筑施工前
基坑	支护边坡	不降水		垂直位移	回填前
				水平位移	
		降水		垂直位移	降水期
				水平位移	
				地下水位	
	地基		基坑回弹		基坑开挖期
			分层地基土沉降		主体施工前、竣工初期
			地下水位		降水期
建筑	基础变形		基础沉降		主体施工前、竣工初期
			基础倾斜		
	主体变形		水平位移		竣工初期
			主体倾斜		
			建筑裂缝		发现裂缝初期
			日照变形		竣工后

四、变形观测的精度要求

变形测量的等级划分及精度要求的具体确定，应根据设计、施工给定的或有关规范规定的建筑变形允许值，并顾及建筑结构类型、地基土的特征等因素进行选择，变形测量的等级划分与精度要求应符合表 11-2 的规定。

表 11-2 变形测量的等级划分及精度要求

变形测量等级	垂直位移		水平位移	适用范围
	变形点高程中误差/mm	变形点高差中误差/mm	变形点点位中误差/mm	
一级	±0.3	±0.1	±1.5	变形特别敏感的高层,高耸建、构筑物,精密高程设施,地下管线等
二级	±0.5	±0.3	±3.0	变形比较敏感的高层,高耸建、构筑物,精密高程设施,地下管线,隧道拱顶下沉,结构收敛等
三级	±1.0	±0.5	±6.0	一般性高层、高耸建、构筑物,地下管线等
四级	±2.0	±1.0	±12.0	观测精度要求低的构筑物,地下管线等

第二节 变形观测网点布置

在建筑的施工过程中，随着上部结构的逐渐完成，地基荷载逐步增加，将使建筑产生下沉现象，这就要求应定期地对建筑上设置的沉降观测点进行水准测量，测得其与水准基点之间的高差变化值，分析这些变化值的变化规律，从而确定建筑的下沉量及下沉规律，这就是建筑的沉降观测。

一、变形观测网的网点

变形观测网的网点，宜分为基准点、工作基点和变形观测点。其布设应符合下列要求。

1. 基准点

基准点应选在变形影响区域之外稳固可靠的位置。每个工程至少应有 3 个基准点。大型的工程项目，其水平位移基准点应采用带有强制归心装置的观测墩，垂直位移基准点宜采用双金属标或钢管标。

2. 工作基点

工作基点应选在比较稳定且方便使用的位置。设立在大型工程施工区域内的水平位移监测工作基点宜采用带有强制归心装置的观测墩，垂直位移监测工作基点可采用钢管标。对通视条件较好的小型工程，可不设立工作基点，在基准点上直接测定变形观测点。

3. 变形观测点

变形观测点应设立在能反映监测体变形特征的位置或监测断面上，监测断面一般分为：关键断面、重要断面和一般断面。需要时，还应埋设一定数量的应力、应变传感器。

二、水准基点布设

1. 水准基点的布设

建筑的沉降观测是根据建筑附近的水准点进行的，所以这些水准点必须坚固稳定。为了对水准点进行相互校核，防止其本身产生变化，水准点的数目应尽量不少于 3 个，以组成水准网。对水准点要定期进行高程检测，以保证沉降观测成果的正确性。在布设水准点时应考虑以下所列几项因素。

① 水准点应尽量与观测点接近，其距离不应超过 100m，以保证观测的精度。

② 水准基点必须设置在建筑或构筑物基础沉降影响范围以外，并且避开交通管线、机械振动区以及容易破坏标石的地方，埋设深度至少应在冰冻线以下 0.5m。

③ 离开公路、铁路、地下管道和滑坡至少 5m。避免埋设在低洼易积水处及松软土地带。

④ 为防止水准点受到冻胀的影响，水准点的埋设深度至少要在冰冻线下 0.5m。

知识小贴士　　**水准点的埋设。**在一般情况下，可以利用工程施工时使用的水准点作为沉降观测的水准基点。如果由于施工切地的水准点离建筑较远或条件不好，为了便于进行沉降观测和提高精度，可在建筑附近另行埋设水准基点。

2. 水准点的形式与埋设

沉降观测水准点的形式与埋设要求，一般与三、四等水准点相同，但也应根据现场的具体条件、沉降观测在时间上的要求等决定。

当观测急剧沉降的建筑和构筑物时，若建造水准点已来不及，可在已有房屋或结构物上设置标志作为水准点，但这些房屋或结构物的沉降必须证明已经达到终止。在山区建设中，建筑附近常有基岩，可在岩石上凿一洞，用水泥砂浆直接将金属标志嵌固于岩层之中，但岩石必须稳固。当场地为砂土或其他不利情况下，应建造深埋水准点或专用水准点。

三、观测点的布设

沉降观测点的布设应能全面反映建筑的地基变形特征，并结合地质情况以及建筑结构特点确定。观测点宜选择在下列位置进行布设。

① 建筑的四角、大转角处及沿外墙每 10～15m 处或每隔 2～3 根柱基上。

② 高低层建筑、新旧建筑、纵横墙等交接处的两侧。

③ 建筑裂缝和沉降缝两侧、基础埋深相差悬殊处、人工地基与天然地基接壤处、不同结构的分解处以及填挖分界处。

④ 宽度大于等于 15m 或小于 15m 而地质复杂以及膨胀土地区的建筑，在承重内隔墙中部设内墙点，在室内地面中心及四周设地面点。

⑤ 邻近堆置重物处、受振动有显著影响的部位及基础下的暗沟处。

⑥ 框架结构建筑的每个或部分柱基上或沿纵横轴线设点。

⑦ 片筏基础、箱形基础底板或接近基础的结构部分之四角处及其中部位置。

⑧ 重型设备基础和动力设备基础的四角、基础形式或埋深改变处以及地质条件变化处两侧。

⑨ 电视塔、烟囱、水塔、油罐、炼油塔、高炉等高耸建筑，沿周边在与基础轴线相交的对称位置上布点，点数不少于 4 个。

四、观测点的形式与埋设

1. 民用建筑沉降

观测点的形式和埋设：民用建筑沉降观测点，一般设置在外墙勒脚处。观测点埋在墙内的部分应大于露出墙外部分的 5～7 倍，以便保持观测点的稳定性。常用观测点如下。

① 预制墙式观测点。混凝土预制，大小为普通黏土砖规格的 1～3 倍，中间嵌以角钢，角钢棱角向上，并在一端露出 50mm。在砌砖墙勒脚时，将预制块砌入墙内，角钢露出端与墙面夹角为 50°～60°，如图 11-1 所示。

② 如图 11-2 所示，利用直径为 20mm 的钢筋，一端弯成 90°角，另一端制成燕尾形埋入墙内。

③ 如图 11-3 所示，用长 120mm 的角钢，在一端焊一铆钉头，另一端埋入墙内，并以 1：2 水泥砂浆填实。

图 11-1 预制墙式观测点

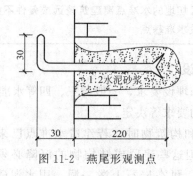

图 11-2 燕尾形观测点

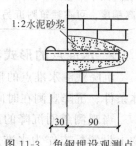

图 11-3 角钢埋设观测点

2. 设备基础观测点的形式及埋设

一般利用铆钉或钢筋来制作，然后将其埋入混凝土中，其形式主要有：垫板式、弯钩式、燕尾式、U 字式。

> **知识小贴士**
>
> **观测点的布置。**如观测点使用期长，应埋设有保护盖的永久性观测点。对于一般工程，如因施工紧张而观测点加工不及时，可用直径为 20～30mm 的铆钉或钢筋头（上部锉成半球状）埋置于混凝土中作为观测点。

在埋设观测点时应注意以下事项。

① 铆钉或钢筋埋在混凝土中露出的部分，不宜过高或太低，高了易被碰斜撞弯；低了不易寻找，而且水准尺置在点上会与混凝土面接触，影响观测质量。

② 观测点应垂直埋设，与基础边缘的间距不得小于 50mm，埋设后将四周混凝土压实，待混凝土凝固后用红油漆编号。

③ 埋点应在基础混凝土将达到设计标高时进行。如混凝土已凝固须增设观测点时，可用钢凿在混凝土面上确定的位置凿一洞，将标志埋入，再以 1：2 水泥砂浆灌实。

3. 柱基础及柱身观测点

柱基础沉降观测点的形式和埋设方法与设备基础相同。但是当柱子安装后进行二次灌浆时，原设置的观测点将被砂浆埋掉，因而必须在二次灌浆前，及时在柱身上设置新的观测点。柱身观测点的形式及设置方法如下。

（1）钢筋混凝土柱　用钢凿在柱子±0.000标高以上 10～50cm 处凿洞（或在预制时留孔），将直径 20mm 以上的钢筋或铆钉，制成弯钩形，平向插入洞内，再以 1∶2 水泥砂浆填实，如图 11-4(a) 所示，也可采用角钢作为标志，埋设时使其与柱面成 50°～ 60°的倾斜角，如图 11-4(b) 所示。

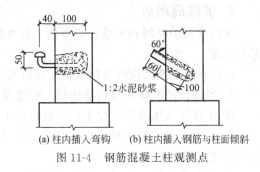

(a) 柱内插入弯钩　(b) 柱内插入钢筋与柱面倾斜

图 11-4　钢筋混凝土柱观测点

（2）钢柱　将角钢的一端切成使脊背与柱面成 50°～ 60°的倾斜角，将此端焊在钢柱上。或者将铆钉弯成钩形，将其一端焊在钢柱上。

在柱子上设置新的观测点时应注意以下事项。

① 新的观测点应在柱子校正后二次灌浆前，将高程引测至新的观测点上，以保持沉降观测的连贯性。

② 新旧观测点的水平距离不应大于 1.5m，以保证新旧点的观测成果的相互联系。新旧点的高差不应大于 1.5m，以免由旧点高程引测于新点时，因增加转点而产生误差。

③ 观测点与柱面应有 30～40mm 的空隙，以便于放置水准尺。

④ 在混凝土柱上埋标时，埋入柱内的长度应大于露出的部分，以保证点位的稳定。

第三节　建筑物沉降观测

沉降观测就是定期地测量观测点相对于水准点的高差以求得观测点的高程，并将不同时期所测得的高程加以比较，得出建筑物沉降情况的资料。将不同时期所测得的同一观测点的高程加以比较（有时也需要比较同一时期各观测点之间相对高程），由此得到建筑物或设备基础的沉降量。

一、沉降观测的方法

沉降观测常采用的方法是水准测量。中、小型厂房和土工建筑物采用普通水准测量进行沉降观测；高大重要的混凝土建筑物采用精密水准测量的方法（要求其沉降观测的中误差不大于 1mm，常采用一、二等水准测量）。

二、沉降观测的基本要求

1. 工作内容和范围

沉降测量根据不同观测对象确定工作内容和范围，应符合下列规定。

① 建筑沉降观测应测定其地基的沉降量、沉降差，并计算沉降速度和建筑的倾斜度。

② 基坑回弹观测应测定在基坑开挖后，由于卸除地基土自重而引起的基坑内外影响范围内相对于开挖前的回弹量。

③ 地基土分层沉降观测应测定地基内部各分层土的沉降量、沉降速度以及有效压缩层的厚度。

④ 建筑场地沉降观测，应分别测定建筑相邻影响范围之内的相邻地基沉降，以及与建筑相邻影响范围之外的场地地面沉降。

2. 沉降周期数

沉降观测的时间和次数，应根据工程性质、工程进度、地基土质情况及基础荷重增加情况等决定。

（1）在施工期间沉降观测次数 沉降观测周期宜符合下列规定。

① 当埋设的沉降观测点稳固后，在建筑主体开工之前，进行第一次观测。

② 在建筑主体施工过程中，一般每盖 1~2 层观测一次。

③ 施工过程中如暂时停工，在停工时及重新开工时应各观测一次。停工期间，可每隔 2~3 个月观测一次。

④ 较大荷重增加前后（如基础浇灌，回填土，安装柱子、房架，设备安装，设备运转，工业炉砌筑期间，烟囱每增加 15m 左右等），均应进行观测。

⑤ 在观测过程中，如果基础附近地面荷载突然增减、基础四周大量积水、长时间连续降雨等情况，应及时增加观测次数。当建筑突然发生大量沉降、不均匀沉降或严重裂缝时，应立即进行逐日或几天一次的连续观测。

（2）结构封顶至工程竣工 沉降观测周期宜符合下列规定。

① 均匀沉降且连续三个月内平均沉降量不超过 1mm 时，每三个月观测一次。

② 连续两次每三个月平均沉降量不超过 2mm 时，每六个月观测一次。

③ 外界发生剧烈变化时应及时观测。

④ 交工前观测一次。

⑤ 交工后建设单位应每六个月观测一次，直至基本稳定为止。

工业厂房或多层民用建筑的沉降观测总次数，不应少于 5 次。竣工后的观测周期，可根据建筑的稳定情况确定。

3. 沉降观测工作的要求

沉降观测是一项较长期的系统观测工作，为了保证观测成果的正确性，应尽可能做到：

① 固定人员观测和整理成果；

② 使用固定的水准仪及水准尺；

③ 使用固定的水准点；

④ 按规定的日期、方法及路线进行观测。

4. 测站作业规定

沉降观测要求较高，测站作业应遵守下列规定：

① 观测应在成像清晰，稳定时进行；

② 仪器离前、后视水准尺的距离要用皮尺丈量，或用视距法测量，视距一般不应超过 50m，前后视距应尽可能相等；

③ 前、后视观测最好用同一根水准尺；

④ 前视各点观测完毕以后，应回视后视点，最后应闭合于水准点上。

三、沉降观测的具体措施和精度要求

1. 水准点和观测点的设置

（1）水准点的设置 水准点作为沉降观测的基准，其形式和埋设要求及观测方法均与三、四等水准测量相同。水准点高程应从建筑区永久水准基点引测。其埋设还应符合下列要求。

　　① 应布设在沉降影响范围之外，距沉降观测点不超过 100m。

　　② 宜设置在基岩上，或设在压缩性较低的土层上，并避开道路、河岸等处，以保持其稳定性。

　　③ 为保证水准点高程的正确性和便于相互检核，水准点一般不应少于三个。

　　④ 在冰冻地区，水准点应埋设在冰冻线以下 0.5m。

　　（2）若施工水准点能满足沉降观测的精度要求，可作为沉降观测水准点之用。

　　（3）沉降观测点的设置　设置沉降观测点，应能够反映建（构）筑物变形特征和变形明显的部位标志应稳固、明显、结构合理，不影响建（构）筑物的美观和使用。点位应避开障碍物，便于观测和长期保存。

　　建（构）筑物的沉降观测点，应按设计图纸埋设，并符合下列要求。

　　① 建筑物四角或沿外墙每 10～15m 处或每隔 2～3 根柱基上。

　　② 裂缝、沉降缝或伸缩缝的两侧，新旧建筑物或高低建筑物应在纵横墙交接处。

　　③ 人工地基和天然地基的接界处，建筑物不同结构的分界处。

　　④ 烟囱、水塔和大型储藏罐等高耸构筑物的基础轴线的对称部位，每一构筑物不得少于 4 个点。

　　建筑物、构筑物的基础沉降观测点，应埋设于基础底板上。基坑回弹观测时，回弹观测点宜沿基坑纵横轴线或能反映回弹特征的其他位置上设置。回弹观测的标志，应埋入基底面 10～20cm。

　　地基土的分层沉降观测点，应选择在建筑物、构筑物的地基中心附近。观测标志的深度，最浅的应在基础底面 50cm 以下，最深的应超过理论上的压缩层厚度。建筑场地的沉降点布设范围，宜为建筑物基础深度的 2～3 倍，并应由密到疏布点。

2. 建筑物的沉降观测

　　（1）沉降观测的时间　沉降观测的时间和次数，应根据工程性质、工程进度、地基的土质情况及基础荷重增加情况决定。

　　一般建筑物的沉降观测周期为：观测点埋设稳固后，且在建（构）筑物主体开工前，即进行第一次观测；主体施工过程中，荷重增加前后（如基础浇灌，回填土，安装柱子、房架，砖墙每砌筑一层楼，设备安装及运转等）均应进行观测；如施工期间中途停工时间较长，应在停工时和复工前进行观测；当基础附近地面荷重突然增加，周围积水及暴雨后，或周围大量挖方等均应观测。工程竣工后，一般每月观测一次，如果沉降速度减缓，可改为 2～3 个月观测一次，直到沉降量 100 天不超过 1mm 时，观测才可停止。

　　知识小贴士

　　沉降观测的具体措施。① 当水准基点、工作基点和沉降观测点埋设稳定以后（一般 7～10d）即可进行观测。对于埋设在基础上的观测点，在埋设之后就开始第一次观测，往后随着荷重的逐步增加，重复进行观测。在运行期间重复观测的周期应根据沉陷的快慢而定，每月、每季、每半年或每年观测一次，一直到沉陷完全停止为止。工业与民用建筑物的沉降观测是将水准工作基点和沉降观测点组成闭合或附合水准路线。

　　② 在不同的观测周期中，仪器应安置在同一位置上，使用同一台仪器和同一对标尺，并由固定人员操作，在观测条件变化不大的情况下进行测量，以便削弱系统误差的影响。

　　基础沉降观测在浇筑底板前和基础浇筑完毕后应至少各观测一次。回弹观测点的高程，宜在基坑开挖前、开挖后及浇筑基础之前，各测定一次。地基土的分层沉降观测，应在基础浇筑前开始。

　　(2) 沉降观测方法　沉降观测的观测方法视沉降观测点的精度要求而定，观测的方法有：一、二等水准测量，液体静力水准测量，微水准测量，三角高程测量等。其中最常用的是水准测量方法。

　　对于多层建筑物的沉降观测，可采用 S_3 水准仪，用普通水准测量方法进行。对于高层建筑物的沉降观测，则应采用 S_1 精密水准仪，用二等水准测量方法进行。为了保证水准测量的精度，每次观测前，对所使用的仪器和设备，应进行检验校正。观测时视线长度一般不得超过 50m，前、后视距离要尽量相等，视线高度应不低于 0.3m。

　　沉降观测的各项记录，必须注明观测时的气象情况和荷载变化。

　　(3) 沉降观测的工作要求　沉降观测是一项较长期的连续观测工作，为了保证观测成果的正确性，应尽可能做到四定，具体内容如下：

　　① 固定观测人员；

　　② 使用固定的水准仪和水准尺；

　　③ 使用固定的水准基点；

　　④ 按规定的日期、方法及既定的路线、测站进行观测。

3. 观测精度要求

　　对大型建筑及基础，其《工程测量规范》（GB 50026—2007）中规定：垂直位移的测量，可视需要按变形点的高程中误差或相邻点高差中误差确定测量等级。例如，变形测量等级为二等的垂直位移测量，主要针对变形比较敏感的高层建筑、高耸构筑物、古建筑、重要工程设施和重要建筑场地的滑坡监测等，要求垂直位移测量变形点高程中误差不超过 $\pm0.5mm$，相邻变形点高差中误差不超过 $\pm0.3mm$。

　　闭合差分配方法：由于在观测各个基础时水准路线往往不是很长，而且闭合差一般不会超过 1~2mm，可按平均分配；若观测点之间的距离相差很大，则闭合差可以按距离成比例地分配。

四、沉降观测的成果整理

　　每次观测结束后，应检查记录中的数据和计算是否准确，精度是否合格，然后把各次观测点的高程，列入沉降观测成果表中，并计算两次观测之间的沉降量和累计沉降量，同时也要注明日期及荷载情况。为了更清楚地表示出沉降、荷载和时间三者之间的关系，可画出各观测点的荷载、时间、沉降量曲线图。

　　在沉降观测工作中常会遇到一些矛盾现象，需要分析原因，进行合理处理，下面是一些常见问题及其处理方法，具体见表 11-3。

表 11-3　常见问题及处理方法

常见问题	解决方法
曲线在首次观测后即发生回升现象	在第二次观测时发现曲线上升，至第三次后，曲线又逐渐下降。发生此种现象，一般都是由于首次观测成果存在较大误差所引起的。此时，应将第一次观测成果作废，而采用第二次观测成果作为首次观测成果

续表

常见问题	解决方法
曲线在中间某点突然回升	发生此种现象的原因,多半是因为水准基点或沉降观测点被碰所致,如水准基点被压低,或沉降观测点被撬高,此时,应仔细检查水准基点和沉降观测点的外观有无损伤。如果众多沉降观测点出现此种现象,则水准基点被压低的可能性很大,此时可改用其他水准点作为水准基点来继续观测,并再埋设新水准点,以保证水准点个数不少于三个。如果只有一个沉降观测点出现此种现象,则多半是该点被撬高,如果观测点被撬后已活动,则需另行埋设新点,若点位尚牢固,则可继续使用,对于该点的沉降计算,则应进行合理处理
曲线自某点起渐渐回升	产生此种现象一般是由于水准基点下沉所致。此时,应根据水准点之间的高差来判断出最稳定的水准点,以此作为新水准基点,将原来下沉的水准基点废除。另外,埋在裙楼上的沉降观测点,由于受主楼的影响,有可能会出现属于正常的逐渐回升现象
曲线的波浪起伏现象	曲线在后期呈现微小波浪起伏现象,其原因是测量误差所造成的。曲线在前期波浪起伏之所以不突出,是因为下沉量大于测量误差之故;但到后期,由于建筑物下沉极微或已接近稳定,因此在曲线上就出现测量误差比较突出的现象。此时,可将波浪曲线改成为水平线,并适当地延长观测的间隔时间

第四节　建筑物水平位移观测

一、水平位移观测网及精度要求

水平位移观测网可采用建筑基准线、三角网、边角网、导线网等形式,宜采用独立坐标系统,并进行一次布网。

1. 控制点埋设

控制点的埋设应符合下列规定。

① 基准点应埋设在变形影响范围以外,坚实稳固,便于保存。

② 通视良好,便于观测与定期检验。

③ 宜采用有强制归心装置的观测墩,照准标识宜采用有强制对中装置的觇牌。

2. 水平位移变形观测点

水平位移变形观测点应布设在建筑物中如下部位。

① 建筑的主要墙角和柱基上以及建筑沉降缝的顶部和底部。

② 当有建筑裂缝时,还应布设在裂缝的两边。

③ 大型构筑物的顶部、中部和下部。

二、基准线法测定建筑的水平位移

当要测定某大型建筑的水平位移时,可以根据建筑的形状和大小,布设各种形式的控制网进行水平位移观测,当要测定建筑在某一特定方向上的位移量时,这时可以在垂直于待测定的方向上建立一条基准线,定期地测量观测标志偏离基准线的距离,就可以了解建筑的水平位移情况。

建立基准线的方法有视准线法、引张线法和激光准直法。

1. 视准线法

由经纬仪的视准面形成基准面的基准线法,称为视准线法。视准线法又分为直接观测法、角度变化法(即小角法)和移位法(即活动觇牌法)三种。

(1) 基本要求 采用视准线法进行水平位移观测宜符合下列规定:

① 应在建筑的纵、横轴(或平行纵、横轴)方向线上埋设控制点;

② 视准线上应埋设三个控制点,间距不小于控制点至最近观测点间的距离,且均应在变形区以外;

③ 观测点偏离基准线的距离不应大于 20mm;

④ 采用经纬仪、全站仪、电子经纬仪投点法和小角度法时,应对仪器竖轴倾斜进行检验。

(2) 直接观测法 可采用 J$_2$ 级经纬仪正倒镜投点的方法直接求出位移值,简单且直接,为常用的方法之一。

(3) 小角法 小角法是利用精密光学经纬仪,精确测出基准线与置镜端点到观测点视线之间所夹的角度。由于这些角度很小,观测时只用旋转水平微动螺旋即可。

(4) 活动觇牌法 该法是直接利用安置在观测点上的活动觇牌来测定偏离值。其专用仪器设备为精密视准仪、固定觇牌和活动觇牌。施测步骤如下。

① 将视准仪安置在基准线的端点上,将固定觇牌安置在另一端点上。

② 将活动觇牌仔细地安置在观测点上,视准仪瞄准固定觇牌后,将方向固定下来,然后由观测员指挥观测点上的工作人员移动活动觇牌,待觇牌的照准标识刚好位于视线方向上时,读取活动觇牌上的读数。然后再移动活动觇牌从相反方向对准视准线进行第二次读数,每定向一次要观测四次,即完成一个测回的观测。

③ 在第二测回开始时,仪器必须重新定向,其步骤相同,一般对每个观测点需进行往测、返测各 2~6 个测回。

2. 引张线法

引张线法是在两固定端点之间用拉紧的金属丝作为基准线,用于测定建筑水平位移。引张线的装置由端点、观测点、测线(不锈钢丝)与测线保护管四部分组成。

在引张线法中假定钢丝两端固定不动,则引张线是固定的基准线。由于各观测点上的标尺是与建筑体固定连接的,所以对于不同的观测周期,钢丝在标尺上的读数变化值,就是该观测点的水平位移值。引张线法常用在大坝变形观测中,引张线安置在坝体廊道内,不受旁折光和外界影响,所以观测精度较高,根据生产单位的统计,三测回观测平均值的中误差可达 0.03mm。

3. 激光准直法

激光准直法可分激光束准直法和波带板激光准直系统两类。

(1) 基本要求 采用激光准直法进行水平位移观测宜符合下列规定。

① 激光器在使用前,必须进行检验校正,使仪器射出的激光束轴线、发射系统轴线和望远镜视准轴三者共轴,并使观测目标与最小激光斑共焦。

② 对于要求具有 10^{-5}~10^{-4} 量级准直精度时,宜采用 DJ$_2$ 型激光经纬仪;对要求达到 10^{-6} 量级准直精度时,宜采用 DJ$_1$ 型激光经纬仪。

③ 对于较短距离(如数十米)的高精度准直,宜采用衍射式激光准直仪或连续成像衍射板准直仪;对于较长距离(如数百米)的高精度准直,宜采用激光衍射准直系统或衍射频

谱成像及投影成像激光准直系统。

知识小贴士

激光经纬仪准直测量的操作要点。在基准线两端点上分别安置激光经纬仪和光电探测仪，将光电探测仪的读数安置到零上，移动经纬仪激光束的方向，瞄准光电探测仪，使其检流器指针为零，固定经纬仪水平方向不动；依次将望远镜的激光束射到安置于每个观测点的光电探测仪上，移动光电探测仪，使其检流表指针指零，即可读取每个观测点相对于基准面的偏离值；为了提高观测精度，在每一观测点上探测仪探测需进行多次。

（2）激光束准直法　它是通过望远镜发射激光束，在需要准直的观测点上用光电探测器接收。由于这种方法是以可见光束代替望远镜视线，用光电探测器探测激光光斑能量中心，所以常用于施工机械导向的自动化和变形观测。

（3）波带板激光准直系统　波带板是一种特殊设计的屏，它能把一束单色相干光会聚成一个亮点。波带板激光准直系统由激光器点光源、波带板装置和光电探测器或自动数码显示器三部分组成。第二类方法的准直精度高于第一类，可达 $10^{-6} \sim 10^{-7}$ 以上。

三、前方交会法测定建筑物的水平位移

前方交会法测定建筑物位移主要适用于拱坝、曲线桥梁、高层建筑等的位移观测。

1. 前方交会的布设要求

（1）对交会角 γ 的要求　为保证纵向和横向误差较差不超过限值，$60° < \gamma < 150°$ 为宜。

（2）对测站点之间距离的测定要求　一般不小于交会边的长度。当交会边长在 100m 左右时，用 J_1 经纬仪观测六个测回，则像点位移值测定中误差不超过 1mm，所以，对测站点之间距离的测定要求不高。

（3）对测站点本身的要求　稳固可靠。

2. 测站点和观测点的结构

（1）测站点的标志结构　采用同视准线法端点结构相同的观测墩。

（2）观测点的标志结构　应埋设适用于不同方向照准的标志，在设计时应考虑：反差大，一般以反色作底、黑色作图案；图案应对称、美观大方、便于安置。

3. 实际作业中的注意事项

观测采用 J_1 经纬仪用全圆方向法进行观测；观测中由同一观测员用同一仪器按同一观测方案进行观测；对仪器、觇标采用强制对中、消除偏心误差。

第五节　建筑物倾斜观测

建筑物倾斜观测的方法有两类：一类是直接测定建筑物的倾斜；另一类是通过测量建筑物基础相对沉陷的方法来确定建筑物的倾斜。

一、直接测定建筑物的倾斜

1. 悬吊锤球的方法

根据其偏差值可直接确定出建筑物的倾斜。由于高层建筑物、水塔、烟囱等建筑物上面

无法固定悬挂垂球，因此只能采用经纬仪投影法和测量水平角的方法来测定它们的倾斜。

2. 经纬仪投影法

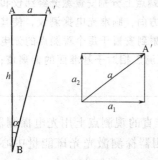

图 11-5　经纬仪投影法

如图 11-5 所示，根据建筑物的设计 A 点与 B 点位于同一竖直线上，当建筑物发生倾斜时，则 A 点相对 B 点移动了某一数值 a，则该建筑物的倾斜为：

$$I = \tan\alpha = a/h$$

为了确定建筑物的倾斜，必须量出 a 和 h 的数值，其中 h 的数值一般为已知；当 h 为未知时，则可对着建筑物设置一条基线，用三角测量的方法测定。此时经纬仪应设置在高建筑物较远的地方（距离最好在 $1.5h$ 以上），以减少仪器极轴不垂直的影响。

对于 a 值而言，如果 A′ 是屋角的标志，可用经纬仪投影 B 点的水平面上面量得。投影时经纬仪要在固定测站上很好地对中，并严格整平，用盘左、盘右两个度盘位置往下投影，取其中点，并量取中点于 B 点在视线方向的偏离值 a_1；再将经纬仪移到与原观测方向约成 90°的方向上，用同样的方法求得与视线垂直方向 a_2 值，然后用矢量相加的方法，即可求得该建筑物的偏歪值 a，即

$$a = a_1 + a_2$$

3. 测量水平角的方法

如图 11-6 为测定烟囱倾斜的例子。在离烟囱 $50\sim100m$ 远、互相垂直的方向上标定两个固定标志作为测站（测站 1、测站 2）。在烟囱上标出作为观测用的标识点 1、2、3 和 4，同时选择通视良好的远方不动点 M_1 和从 M_2 作为定向方向。

然后从测站 1 用经纬仪测量水平角（1）、（2）、（3）、（4），并计算半合角[(1)＋(2)]/2 及[(2)＋(3)]/2，它们分别表示烟囱上部中心 a 和烟囱勒脚部分中心 b 的方向。

知道测站 1 至烟囱中心的距离，根据 a 与 b 的方向差，可计算分量 a_1。同样在测站 2 上观测水平面（5）、（6）、（7）、（8），重复前述计算，得到另一相对位移分量 a_2，用矢量相加的办法求得烟囱上部相对于勒脚部分的偏移值 a；最后可求得烟囱的倾斜度。

二、用测定建筑物基础相对沉降的方法来确定建筑物的倾斜

1. 建筑物基础倾斜是建筑物倾斜的原因

由于建筑物基础各部分的地质条件不同、建筑物本身的结构关系、建筑物各部分的混凝土重量不等，以及地基失去原有的平衡条

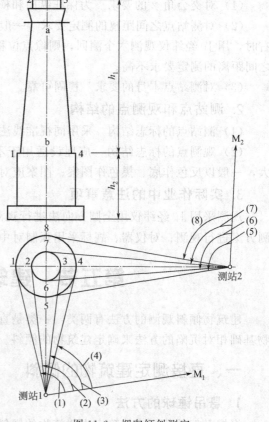

图 11-6　烟囱倾斜测定

件，这些因素都会使建筑物基础产生不均匀沉降（即基础倾斜），从而使得建筑物产生倾斜。

2. 倾斜观测点的位置设置

布设时应与沉降观测点配合起来进行布置。通过对这些点的相对沉降观测，可获得基础倾斜的资料。

3. 测定基础倾斜常用的方法

测定基础倾斜常用的方法如下。

① 用水准测量的方法测定两个观测点的相对沉降，由相对沉降与两点间距离之比换算成倾斜角。

② 用液体静力水准测量方法测定倾斜。测设实质：利用液体静力水准仪测定两点的高差，它与两点间距离之比，即为倾斜度。要测定建筑物倾斜度的变化，可进行周期性的观测。这种仪器不受距离限制，并且距离越长，测定倾斜度的精度越高。

③ 气泡式倾斜仪。它是专门为测设倾斜度而设计的专用仪器。这种仪器可以直接安置在需要的位置上，由读数盘上读数可得出该处的倾斜度。

> **知识小贴士**
>
> 气泡式倾斜仪。我国制造的气泡式倾斜仪，其灵敏度为 2″，总的观测范围为 1°。气泡式倾斜仪适用于观测较大的倾斜角或量测局部地区的变形。例如测定设备基础和平台的倾斜。

第六节　建筑深基坑变形观测

一、深基坑水平位移观测

基坑工程变形监测的主要指标是沉降或水平位移，其中沉降监测与普通建筑物沉降监测方法相似。

二、用视准线法进行深基坑水平位移观测

在直线线的两端设置工作基点 A、B，在基线上沿基坑边线根据需要设置若干监测点。基坑有支撑时，测点宜设置在两根支撑的跨中。根据现场条件，也可依据小角度法用经纬仪测出各测点的侧向水平位移。在基坑圈梁、压顶等较易固定的地方设置各测点，这样设置方便，不宜损坏，而且能真实反映基坑侧向变形。测量工作基点 A、B 须设置在基坑一定距离外的稳定地段，对于有支撑的地下连续墙或大孔径灌注桩这类维护结构，基坑角点的水平位移通常较小，这时可将基坑旧角点设为临时基点 C、D。在每个工况内还可以用临时的基点监测，交换工况时再用基点 A、B 测量临时基点 C、D 的侧向水平位移。最后用此结果对各测点的侧向水平位移值作校正。这种方法效率很高，又能保证要求的精度。

由于深基坑工程场地一般比较小，施工障碍物多，而且基坑边线也并非都是直线，因此视准线的建立比较困难，在这种情况下可用前方交会法。前方交会法是在距基坑一定距离的稳定地段设置一条交会线，或者设两个或多个工作基点，以此为基准，用交会法测出各测点的位移量。

三、用测斜仪法测量深基坑的水平位移

测斜仪是一种可以精确测量不同深度处土层水平位移的工程测量仪器，可以采用测量单向位移，也可以采用测量双向位移，再由两个方向的位移求出矢量和，得到位移的最大值和方向。加拿大 Roctest 公司生产的 RT-20MU 型测斜仪，其仪器标称精度为 ±6mm/25m，探头工作幅度为 20°，探头测量精度为 ±0.1mm/0.5m，测读器显示读数至 ±0.1mm。

同一位置处不同时刻测得的水平投影量之差，即为该深度上土体的水平位移值。测斜管可以用测量单向位移，也可以测量互相垂直两个方向上的位移，然后再求出矢量和，即得水平位移的最大值和方向。

测量坑壁时，首先连接探头和测读仪。检查密封装置、电池充电情况、仪器是否正常读数。任何情况下，当测斜仪电池不足时必须立即充电，否则会损伤仪器。将探头插入斜管，使滚轮卡在导槽上，缓慢下至孔底以上 0.5m 处。

通常，不许把探头降到测斜管的底部，还有可能会损伤探头。测量自孔底开始，自上而下，沿导槽全长，每隔 1.0m 测读一次。为了提高测量结果的可靠度，在每一测量步骤中均需要一定的时间延迟，以确保读数系统的稳定。侧向位移的初始值应取连续三次测量且无明显差异之读数的平均值。当侧向位移的绝对值或水平位移速率有明显加大时，必须加密监测次数。

REFERENCE

参考文献

[1] 国家标准. GB 50026—2007 工程测量规范 [S]. 北京：中国计划出版社，2008.

[2] 国家标准. JGJ 8—2007 建筑变形测量规范 [S]. 北京：中国建筑工业出版社，2008.

[3] 合肥工业大学，重庆建筑大学，天津大学等合编. 测量学 [M]. 北京：中国建筑工业出版社，2005.

[4] 卢满堂，甄红锋. 建筑工程测量 [M]. 北京：中国水利水电出版社，2007.

[5] 边境. 测量放线工初级技能 [M]. 北京：金盾出版社，2010.

[6] 王欣龙. 测量放线工必备技能 [M]. 北京：化学工业出版社，2012.